国家自然科学基金项目(项目编号 61603393)

江苏省自然科学基金项目(项目编号 BK20160275)

中国博士后科学基金项目(项目编号 2015M581885)

东北大学流程工业综合自动化国家重点实验室开放课题基金项目(项目编号 PAL-N201706)

国家 973 计划项目(项目编号 2009CB320601,2009CB320604)

数据驱动赤铁矿磨矿过程运行优化控制

代 伟 著

中国矿业大学出版社

图书在版编目(CIP)数据

数据驱动赤铁矿磨矿过程运行优化控制 / 代伟著.

—徐州:中国矿业大学出版社,2017.11

ISBN 978-7-5646-3759-0

Ⅰ.①数… Ⅱ.①代… Ⅲ.①赤铁矿—磨矿—工业控制系统—研究 Ⅳ.①TD921

中国版本图书馆 CIP 数据核字(2017)第 268678 号

书　　名	数据驱动赤铁矿磨矿过程运行优化控制	
著　　者	代　伟	
责任编辑	仓小金	
出版发行	中国矿业大学出版社有限责任公司	
	(江苏省徐州市解放南路　邮编 221008)	
营销热线	(0516)83885307　83884995	
出版服务	(0516)83885767　83884920	
网　　址	http://www.cumtp.com　E-mail:cumtpvip@cumtp.com	
印　　刷	徐州中矿大印发科技有限公司	
开　　本	787×960　1/16　印张 13.5　字数 257 千字	
版次印次	2017 年 11 月第 1 版　2017 年 11 月第 1 次印刷	
定　　价	48.00 元	

(图书出现印装质量问题,本社负责调换)

前　言

  经过建国 60 多年特别是改革开放以来的快速发展,我国过程工业取得了举世瞩目的成就,已经成为支撑国民经济持续快速发展的重要力量之一。如今我国工业普遍面临的主要问题是能耗高、资源消耗大、高附加值产品少等,因此,必须实现过程工业的提质增效。提质增效即在市场和原料变化的情况下,实现产品质量、产量、成本和能耗、物耗等综合生产指标的优化控制,实现安全高效生产,从而生产出高性能、高附加值产品,使企业利润最大化。先进控制与优化技术一直被认为是过程工业提质增效、实现经济利润提高的关键,如今,其前沿核心技术是工业的过程运行优化与控制,内涵是采用信息技术,围绕生产过程的知识与数据信息进行集成,通过过程运行控制优化的智能化和集成化,在保证过程安全运行的条件下,不仅使基础回路输出很好地跟踪设定值,而且能控制整个运行过程,使其在生产条件约束下实现质量、效率和能耗等运行指标的最优化。

  近年来,现代过程工业的发展和日趋激烈的国际市场竞争使得工业生产制造业对生产系统的提质增效提出了更高要求。这使得工业过程运行优化与控制技术成为信息化与工业化融合发展的重中之重,受到国家相关部门及工业界和学术界的密切关注。近年来,越来越多的关于工业过程运行优化与控制的课题受到国家基金委、科技部等部门的重视与资助。

  磨矿过程是典型的高耗能、低效率工业过程,其紧随破碎工序之后继续对矿物进行粉碎,为后续选别工序提供原料。磨矿产品粒度与生产效率直接影响了选矿厂的铁精矿品位等产品质量指标与生产能力。我国铁矿石资源丰富,但大部分为赤铁矿石,其存在品位低、嵌布粒度粗细且不均、矿物组成复杂且不稳定的特点。为了获得合格的磨矿产品粒度,赤铁矿一段磨矿过程普遍采用我国特有的由球磨机与螺旋分级机组成的闭路生产工艺,难以采用现有基于模型的运行优化与控制方法,主要体现在运行指标难以在线检测以及运行动态难以建立数学模型。本书利用数据驱动的建模和优化技术,针对典型一段赤铁矿磨矿过程运行优化与控制存在的问题,开展赤铁矿磨矿过程运行优化控制方法及其应用研究,并为实现所提方法,进行了一系列的软件系统研究。

  全书共分 8 章:第 1 章绪论,主要介绍本书工作的背景和研究意义、工业运

行优化与控制以及磨矿过程运行优化与控制的方法和软件技术的发展现状；第
2 章介绍赤铁矿磨矿过程及其运行优化控制问题以及控制难点分析等；第 3 章
研究赤铁矿磨矿粒度软测量方法以及对比仿真实验；第 4 章研究基于强化学习
的赤铁矿磨矿过程运行优化控制方法及其仿真实验；第 5 章为面向生产安全的
赤铁矿磨矿过程运行优化控制方法研究；第 6 章研究面向运行优化控制方法研
究的组态软件平台；第 7 章为面向工业应用的赤铁矿磨矿运行优化控制软件系
统的研发与应用验证研究；第 8 章对全书工作进行总结，并针对本书尚未解决
以及潜在研究问题进行概述。

　　本书涉及的研究工作得到了众多科研项目及机构的支持和资助。特别要
感谢国家自然科学基金项目（项目编号 61603393）、江苏省自然科学基金项目
（项目编号 BK20160275）、中国博士后科学基金项目（项目编号 2015M581885）、
东北大学流程工业综合自动化国家重点实验室开放课题基金项目（项目编号
PAL-N201706）以及国家 973 计划项目的资助（项目编号 2009CB320601，
2009CB320604）。

　　作者一直从事复杂工业过程运行优化与控制及工业应用的研究，本书的研
究工作都是在作者的导师柴天佑院士的精心指导下完成的，并得到了东北大学
流程工业综合自动化国家重点实验室运行控制研究团队的热心帮助与指导。
为此，要深深感谢我的导师以及为研究工作给予大力帮助的丁进良教授、岳恒
教授、卢绍文教授、周平副教授、刘强副教授、张亚军讲师、贾瑶博士以及中科院
沈阳自动化研究所的赵大勇副研究员。

　　由于作者水平所限，加之时间仓促，书中难免存在疏漏和不妥之处，恳请读
者和同仁多多批评指正。

代 伟

2017 年 9 月 10 日

于中国矿业大学智能系统与先进控制研究所

目　录

第 1 章　绪论 …………………………………………………………… 1
　　1.1　研究背景和意义 ………………………………………………… 1
　　1.2　工业过程运行优化与控制方法及软件研究现状 …………… 3
　　1.3　磨矿过程运行优化与控制方法和软件现状 ………………… 18
　　1.4　赤铁矿磨矿过程运行优化与控制技术的现状 ……………… 30
　　1.5　存在的问题 ……………………………………………………… 31
　　1.6　主要工作及内容 ……………………………………………… 32

第 2 章　赤铁矿磨矿过程及其运行优化控制问题 …………………… 34
　　2.1　赤铁矿磨矿过程描述 ………………………………………… 34
　　2.2　赤铁矿磨矿过程运行控制目标与过程特性分析 ………… 42
　　2.3　赤铁矿磨矿过程运行控制难点分析 ………………………… 49
　　2.4　赤铁矿磨矿过程运行控制现状与存在的问题 …………… 51
　　2.5　本章小结 ………………………………………………………… 53

第 3 章　赤铁矿磨矿粒度软测量方法 ………………………………… 54
　　3.1　软测量方法结构 ……………………………………………… 54
　　3.2　基于物料平衡的赤铁矿磨矿粒度主模型 ………………… 55
　　3.3　基于在线鲁棒随机权神经网络的误差补偿模型 ……… 65
　　3.4　仿真实验与结果 ……………………………………………… 76
　　3.5　本章小结 ………………………………………………………… 80

第 4 章　基于强化学习的赤铁矿磨矿过程运行优化控制方法 ……… 81
　　4.1　控制方法的结构与功能 ……………………………………… 81
　　4.2　基于强化学习的运行优化控制方法 ………………………… 82
　　4.3　仿真实验与结果 ……………………………………………… 85
　　4.4　本章小结 ………………………………………………………… 89

第 5 章　面向生产安全的赤铁矿磨矿过程运行优化控制方法 ……… 90

　　5.1　控制方法的结构与功能　……………………………… 90

　　5.2　回路设定值优化算法　………………………………… 92

　　5.3　负荷异常工况诊断与自愈控制算法 ………………… 100

　　5.4　本章小结 ………………………………………………… 110

第 6 章　面向运行优化控制方法研究的组态软件平台 ……… 111

　　6.1　组态软件平台需求分析 ……………………………… 111

　　6.2　组态软件平台整体设计 ……………………………… 114

　　6.3　关键技术的研究与实现 ……………………………… 118

　　6.4　磨矿过程运行优化控制方法的软件实现及半实物仿真验证 … 146

　　6.5　本章小结 ………………………………………………… 166

第 7 章　面向工业应用的赤铁矿磨矿运行优化控制软件系统的
　　　　　研发与应用验证 ……………………………………… 168

　　7.1　工业应用软件系统 ……………………………………… 168

　　7.2　工业实验 ………………………………………………… 180

　　7.3　本章小结 ………………………………………………… 188

第 8 章　结语与展望 ……………………………………………… 189

　　8.1　结束语 …………………………………………………… 189

　　8.2　研究展望 ………………………………………………… 190

参考文献 …………………………………………………………… 191

第1章　绪　　论

1.1　研究背景和意义

钢铁制品广泛用于国民经济各部门和人民生活各个方面,是社会生产和公众生活所必需的基本材料。自从 19 世纪中期发明转炉炼钢法逐步形成钢铁工业大生产以来,钢铁一直是最重要的结构材料,在国民经济中占有极重要的地位,是社会发展的重要支柱产业,是现代化工业最重要和应用最多的金属材料。通常钢、钢材的产量、品种、质量被作为衡量一个国家工业、农业、国防和科学技术发展水平的重要标志。

铁矿石是钢铁冶金的主要原材料,随着我国钢铁工业发展迅猛(1996 年钢产量突破 1 亿 t,位居世界第一,此后产量一直持续位居世界第一,据国际钢铁协会的统计数据表明,我国 2011 年粗钢产量为 6.955 亿 t,占全球粗钢总产量的 45.5%),铁矿石的需求也不断上涨。然而,我国铁矿资源多而不富,已探明的铁矿资源量为 380～410 亿 t,其中富矿资源储量只占 1.8%,贫矿储量占47.6%,并以中低品位矿为主,其主要特点是贫、细、杂,矿石类型复杂。难选的赤铁矿占的比例相当大,约占 20.8%,其品位低,有用组分嵌布粒度细,与有害组分嵌布紧密,难以选别回收,造成铁矿物选矿回收率低,大量有用组分流失。但是铁矿石属不可再生的矿产资源,我国中小矿多,大矿少,特大矿更少,在钢铁工业大量消耗下,许多矿井也在不断枯竭。因此,矿石资源的有效利用是目前所面临的重要问题。选矿工序作为原矿石到钢铁的生产过程中的第一个处理工序,是保证矿产资源有效利用的关键环节,例如,铁精矿品位提高 1%,则高炉生铁产量可以提高 2.5%,焦比下降 1.5%。因此选矿工序技术的提高对于开发矿业、充分利用矿产资源有着十分重要的意义[1]。

选矿工序主要包括破碎、磨矿和选别三个过程,其中磨矿过程是最为关键的组成部分,起着承上启下的作用,其主要任务就是利用磨机的物理性研磨、分选设备的分级作用,将矿石颗粒由大变小到一定的程度,使得矿物单体解离或近于单体解离,从而使有用矿物与脉石矿物相互解离。在磨矿产品即磨矿矿浆中,磨矿粒度过粗或过细均会造成有用矿物在选别过程中选不出来,导致选别工序的精矿品位和金属回收率降低,造成矿物资源的浪费,因此磨矿过程承担着为后续的选别过程提供粒度合格的矿浆的重要任务。此外,磨矿过程是选矿厂动力能耗最多的一道工序,其中电耗就占选矿厂整体电耗的 $30\% \sim 40\%$,全国每年发电量约有 5% 以上消耗于磨矿,另外每年约有上百万吨的钢材消耗于磨矿。综上所述,磨矿运行过程的好坏不仅直接关系到选矿厂金属回收率与精矿品位等生产指标,还关系到选矿厂的能耗与物耗指标,从而影响到选矿厂的整体经济技术指标。因此,只有在保证磨矿过程安全、高效、顺利进行的同时,将磨矿运行指标即磨矿粒度控制在工艺规定的范围内,才能有利于提高全厂经济指标。

随着分布式计算机控制系统(DCS)在选矿过程的普遍应用,磨矿生产过程基本实现了自动化,如主要设备的启停控制、设备保护、安全联锁等。然而,长期以来,磨矿过程的控制并不理想,磨矿运行指标即磨矿粒度波动较大,常常超出工艺范围,甚至有时出现球磨机过负荷或欠负荷故障工况,导致生产的停滞。其主要原因在于传统的磨矿过程控制方法以多回路 PI/PID 和多变量预测控制技术为主,集中研究在假设控制回路设定值已知的情况下,如何改善给矿、给水和浓度等基础回路的控制性能,对回路设定值大多采用人工控制方法,由操作员凭借自身经验,通过观察当前磨矿运行状态来进行调节。这种控制方式忽略了如果控制回路设定值不合适,即使回路控制性能良好也无法保证磨矿运行过程的整体性能最优,即在磨矿生产过程安全、连续、稳定的条件下,磨矿粒度始终保持在工艺要求的范围内。由于磨矿生产运行环境的复杂多变,操作员很难及时准确地调整回路设定值,从而经常使系统远离最优工况运行。

因此,近年来以系统整体运行最优化为目标的工业过程运行优化与控制技术受到人们的广泛关注,并逐渐应用到磨矿过程以实现磨矿运行指标的优化控制,并出现了一批专门从事选矿过程自动控制的产品研发和系统集成的高技术公司,如法国 Metso Minerals Cisa、芬兰 Outotec、丹麦 FLSmidth、南非 Mintek 等公司,他们分别推出各自的选矿自动化高技术软件产品,形成了一定规模的选矿自动化高技术产业。国内的一些大型选矿厂先后引进了国外的自动化产品和技术,但由于我国矿山资源大都是赤铁矿,其矿石性质难以保证均匀一致,生产运行的边界条件波动范围大,设备磨损和多次维修后设备特性出现变化,运行工况变化频繁,难以建立准确的数学模型,导致国外已有的控制技术和控制软件并不完全适合于我国的实际情况。

当前针对我国特有的赤铁矿磨矿过程,国内一些学者开展了以案例推理技术为核心的赤铁矿磨矿过程运行反馈控制方法,并研制了相应的软件,但所设计的控制器主要是依靠模拟操作员的经验与知识,虽然一定程度上提高了磨矿产品质量,但由于人的主观性和随意性,难以保证磨矿运行过程的整体性能最优。此外,所研制的软件是针对特定过程,根据特定算法开发的,不具有重用性与可扩展性,无法支持其他算法的研究与实现。

本书依托国家 973 计划项目(项目编号 2009CB320601,2009CB320604)、国家自然科学基金项目(项目编号 61603393)、江苏省自然科学基金项目(项目编号 BK20160275)、中国博士后科学基金项目(项目编号 2015M581885)、东北大学流程工业综合自动化国家重点实验室开放课题基金项目(项目编号 PAL-N201706),以典型一段赤铁矿闭路磨矿过程为研究对象,充分利用运行过程存储的大量数据信息,将软测量技术、强化学习、神经网络、案例推理、规则推理等相结合,开展以保证磨矿生产安全和提高产品质量为目标的数据驱动磨矿过程运行优化控制方法研究,并设计和开发了具有自主知识产权的磨矿运行优化控制软件。由于赤铁矿磨矿过程中存在的问题在其他资源密集型的复杂工业过程中同样存在,因此针对赤铁矿磨矿过程运行优化控制的深入研究对解决其他复杂工业过程运行优化控制具有重要的参考价值。

1.2　工业过程运行优化与控制方法及软件研究现状

1.2.1　工业过程运行优化与控制的含义与特点

过程自动化是工业生产不可或缺的组成部分,随着全球化经济的发展,市场竞争日趋激烈,追求高质、高效和低耗生产已成为工业生产企业能否在激烈市场竞争中立于不败之地的重要保证,这使得现代生产企业对过程自动化的控制目的也随着改变。传统的过程控制方法是在假设可以获得合适的控制回路设定值的条件下,以被控对象的输出稳定、快递跟踪设定值为目标。长期的生产实际表示,在偏离理想设定值的情况下,单纯依靠回路跟踪控制不能实现工业过程或系统的整体优化运行的问题。因此为了满足企业高质、高效和低耗要求,工业过程自动控制系统的作用不仅仅能够使被控对象的输出很好地跟踪设定值,还需要能够控制整个生产过程,使反映产品在生产过程中与质量、效率以及消耗相关的运行指标被控制在目标值范围内,同时要求在保证生产安全运行的条件下,尽可能提高反映产品质量和效率的运行指标,同时尽可能降低反映产品生产加工过程消耗的运行指标,实现整个工业生产过程的优化运行[2-3]。

然而,复杂流程工业生产流程长,要实现上述目标首先必须实现各生产工序的产品质量、效率、能耗、物耗等运行指标。而为了实现一个复杂流程工业中各工序运行指标的优化控制,必须根据运行工况和干扰因素的变化,实时在线优化直接影响各工序运行指标的回路设定值,并通过基础回路控制跟踪设定值,使工业过程能长时间保持在最优运行状态,这就是工业过程运行优化与控制[4-6]。

工业过程运行优化与控制的特点以及难点在于[6-7]:① 被控对象为整个工序的生产过程,其动态模型由所涉及的回路控制的被控对象模型和其被控变量与运行指标之间的动态模型组成;② 运行指标多,包括产品在该工业过程加工中的质量指标、效率指标、能耗与物耗指标;③ 运行过程存在强非线性,且机理复杂,涉及多种物理与化学反应,难以用精确数学模型描述;④ 工况多变,不确定干扰因素多,不仅受复杂生产环境变化的影响,还易受原料成分与性质变化的影响而波动;⑤ 影响因素多,且彼此相互作用、互相制约;⑥ 运行指标往往不能在线检测,普遍依靠人工化验。

上述特点使得工业过程运行优化与控制需要综合利用过程建模技术、优化技术、先进控制技术以及计算机技术,在满足工艺生产要求及产品质量约束等条件下,不断优化回路的设定值,并使被控回路输出跟踪优化出的设定值,才能使生产过始终运行在最佳的经济状态[3]。

目前,运行优化与控制已经在工业界得到普遍的重视,广泛应用于化工、石油、医药、能源、造纸、矿业工程等多个工业领域[8-9]。对于可以建立数学模型的运行过程,可以采用基于模型的运行优化与控制方法。而对于难以建立数学模型的运行过程,如冶金过程等,至今还没有形成一般的运行优化与控制方法,大多采用工艺模型、经验模型、数据和知识相结合的方法[10]。当前,一些国外高技术公司已结合现有的运行优化与控制方法,针对行业特点,开发了相应的软件,便于工业企业快速地解决其运行优化与控制问题。下面分别对运行优化与控制方法和软件系统进行综述。

1.2.2 工业过程运行优化与控制方法

1.2.2.1 基于模型的运行优化与控制方法

基于模型的运行控制与优化方法研究成果主要包括自优化控制(Self-optimizing control,SOC)、实时优化(Real-time Optimization,RTO)以及 RTO 与模型预测控制(Model Predictive Control,MPC)集成优化控制方法。

(1) 自优化控制

自优化控制 SOC[11-14]是在反馈优化控制(Feedback Optimizing Control)[15]的基础上,以工业过程的经济效益等为目标函数,在满足工业过程的各种约束条件(例如各种设备的生产能力和产品的化学成分等要求)的情况下,通过寻找一组合适的被控变量 c,并将该组被控变量的设定值固定为合适的常数来实现企业经济效益 J 的最大化。当过程受到一定范围内的不确定干扰因素 d 影响时,不需要改变被控变量的设定值,实际工况仍然可以处在近似最优操作点上,即工业过程的实际目标函数值 J 与最优目标函数值 J^{opt} 的偏差 L 在合理的、可以接受的范围内[12]。

SOC 结构如图 1-1 所示,其实现的关键是如何根据目标函数和约束条件选择一组合适的被控变量 c,并将其设定值固定为一组合适的常数。事实上,如何根据不同的控制目标和不同的工业对象选择合适的被控变量本身是工业过程控制器设计中所关心的重要问题之一。在控制器设计阶段,只需离线运算一次 SOC 方法,即可实现控制结构与最优设定值参数的设计。在系统运行阶段,采用简单的定值控制策略,如 PID 等,让选出的被控变量稳定在其最优设定值,就能够保证系统在扰动干扰下也能工作在最优点或者最优点附近,使控制系统在运行时除了完成常规控制作用外,还具有优化的功能。

通常 SOC 的问题可通过以下步骤来实现[11]:① 控制和优化自由度分析;② 优化问题建立;③ 系统不确定性的估计;④ 优化求解;⑤ 候选被控变量的识别;⑥ 损失评估并确定被控变量。对于候选被控变量,Skogestad 指出了四个基本要求,即被控变量最优值对扰动不敏感;被控变量容易检测和控制;被控变量对操作变量的变化敏感;当存在多个被控变量时,被控变量之间关联应该不严重[12]。

总的来说,SOC 方法具有较好的鲁棒性,实现简单且易于工程实施。然而由于自优化控制是一种基于过程稳态优化的控制方法,忽略了工业过程中广泛存在的动态特性,不适用于干扰发生频率较高的工业过程,而且对于某些复杂的工业过程,需要根据上述步骤进行反复凑试选择合适的被控变量,特别是对于干扰源众多或者干扰变化幅度较大的工业过程来说,利用 SOC 确定的被控变量可能不正确或者根本不存在。目前 SOC 主要用于动态干扰较少的石油化工行业,如蒸馏/精馏过程[11-12,16],加氢脱烷基过程[17],循环制冷过程[18-19,],循环反应器过程[20],汽油配料过程[21],气举采油过程[22]等。针对 SOC 难以对具有较强动态干扰且时变严重的工业过程进行有效控制的问题,一些改进方法相继被提出[23-25]。

其中,Jaschke 和 Skogestad 将最优跟踪必要条件(Necessary Conditions of Optimality Tracking,NCO Tracking)[26]与 SOC 相结合[25],提出如图 1-2 所示的 SOC 与 NCO Tracking 的集成优化方法。其中 SOC 用来选择底层控制系统的被控变量 c;NCO tracking 可看作是基于模型的 RTO 的一种替代,用于更新自优化变量 c 的设定值 $c^{setpoints}$;PID/MPC 控制器用于实现更快的最优干扰反应。NCO tracking 是将优化问题转化为控制问题的通用框架,目前即应用于稳态优化问题也用于动态优化问题[27-29],其结构如图 1-3 所示。但由于 NCO Tracking 只是最优问题的必要条件而非充分条件,对于凸优化问题,满足 NCO Tracking 即可得到全局最优点。而对于非凸优化问题,只满足 NCO Tracking 则可能使系统陷入局部最优点[30],因此如何处理非凸优化问题并完善 NCO Tracking 理论还需要进一步研究。

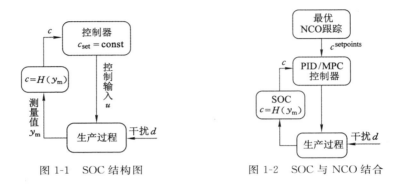

图 1-1　SOC 结构图　　　　　　图 1-2　SOC 与 NCO 结合

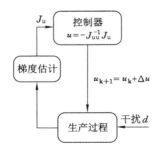

图 1-3　NOC tracking 结构图

（2）实时优化控制

实时优化控制（RTO）是为工业装置或整个工厂的过程基础控制与运行过程经济优化之间建立联系的一种有效方法,其目标是通过实时采集生产数据,监测过程运行状况,在满足所有约束条件的前提下,不断实时地调整下层环节的最佳工作点,以克服内部和外部不确定性因素,从而保证过程始终能够得到最佳的经济效益[31-36]。典型的 RTO 系统由稳态检测（Steady State Deteetion）[37]、粗差检测（Gross Error Deteetion）[38]、数据协调（Data Reconciliation）[39]、模型更新（Model Update）[40]、稳态优化（Steady State Optimization）以及设置值调节（Command Conditioning）[41]组成,如图 1-4 所示。

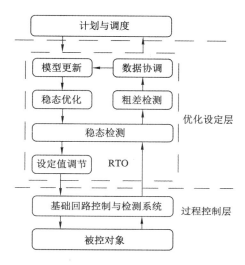

图 1-4　实时优化分层控制结构图

　　RTO 的思想来源于分层控制与协调系统[42]，其中计划与调度系统提供综合生产指标(例如产品质量参数)、成本函数参数(例如产品能耗指标)以及生产约束条件；RTO 层通过稳态优化计算为底层反馈控制回路提供设定值，以使过程运行尽可能接近最优；底层反馈控制回路为 RTO 提供被控运行过程相关变量的运行数据。当运行系统内部发生不确定因素变化时，RTO 首先通过监视系统是否处于稳态过程，一旦发现系统处于稳态，那么测量数据将通过粗差检测后进行数据协调，然后根据调和好的测量值对模型的参数进行估计与更新，使得系统模型在当前稳态工作点尽可能反映真实系统特性，随后稳态优化算法将更新的模型作为约束，并结合设备和产品规范、安全和环境约束等，进行经济或成本函数的稳态优化，以此计算新的最优回路设置值。此后再次判断当前运行过程是否处于稳态：若系统稳态不成立，则需要重复上述步骤；若系统处于稳态，则把优化设定值通过设置值调节模块传递给底层基础控制系统实现。基础回路控制系统按 RTO 调节后的设定值完成适当的控制动作并对设定值进行跟踪。

　　RTO 框架下的分层优化控制的优点在于它提供了控制和优化层任务的清晰界限，主要体现在各自在时间尺度和使用模型上是不同的[10]。RTO 层使用严格的非线性稳态模型，回路控制层一般使用基于过程数据的线性动态实验模型。优化层和控制层的模型一般来说不完全一致，尤其是它们的稳态增益可以不同。目前，RTO 技术已经成功应用于天然气加工，原料蒸馏和分馏，催化裂化、乙烯生产等过程[43-44]。但其缺点在于：由于 RTO 系统采用稳态的过程模型，只有被控过程近似达到稳态时才进行新的优化，而在复杂动态特性的工业过程中，判断被控过程是否进入稳态比较困难，很多实际工业过程由于存在着循环回路和传输延迟，使得过程具有很长的动态特性，因此相邻两次实时优化之间的间隔必须足够长，系统才能从一个稳态达到另一个稳态，有些动态过程会持续好几个小时甚至好几天。因此 RTO 比较适用于生产边界条件、产品质量规定不频繁改变的工业过程，而对于生产边界条件、产品质量规定等经常发生变动，系统扰动频率较高的工业过程则基本无法实施 RTO[45]。此外，由于动态特性、模型失配和干扰等因素，稳态模型计算出来的优化操作点常常不是最优的而是次优的，有时甚至是不可行的[46]。

为了改善这一问题，小周期采样 RTO 的方案被相继提出。文献[47]以过程稳态模型和可测变量为基础，通过引入"拟稳态"的概念，当扰动发生后在原设定点的附近小范围内进行寻优计算，以较短时间间隔改变基础反馈控制系统的设定值，并采用进化算法完成设定值的"实时演变"，在每一步优化计算时限制决策变量的步数，从而减少 RTO 优化计算的时间和运算量。文献[48]中讨论了精馏塔的实时优化控制策略，提出了对精馏塔装置进行稳态优化以实现产品性质约束条件下的经济成本性能函数的最小化，并以小时级别的采样频率将计算的操作变量值和模型参数直接应用到被控对象上。这里需要注意的是：RTO 采用快速采样策略时，由于时间尺度及大小难以把握，在采样周期非常短时，RTO 与基础反馈控制层的结合可能会产生不可控的结果[49-50]，只能通过"减速"避免。

（3）RTO/MPC 集成优化控制方法

模型预测控制 MPC 是 20 世纪 70 年代从工业过程领域发展起来的一种基于系统动态模型，通过优化涉及系统未来行为的性能指标来确定控制量的算法框架，包括参考轨迹、滚动优化、预测模型、在线校正四部分[51-52]。MPC 最大的吸引力在于它具有显式处理约束的能力，其在全球数千个大型工业设施上的成功应用，表明 MPC 作为一种实际可用的约束控制算法，已受到了工业过程控制领域的广泛认同[53-54]。

MPC/RTO 集成控制是针对 MPC 的优点以及常规 RTO 方法的缺点提出的一种用于实现工业过程运行优化和控制的方法。常规 RTO 方法的主要缺点要求相邻两次实时优化之间的间隔足够大，导致优化过程的时间滞后。当系统存在扰动时，优化必须延迟到被控系统进入新的稳态时才能进行。同时，如何判断系统是否处于稳态也十分困难。为了缩小 RTO 层低频非线性稳态优化与相对快速的线性 MPC 层之间的失配，工业工程控制中通常将采用所谓的线性规划-MPC（LP-MPC）和二次型规划-MPC（QP-MPC）两阶段的 MPC 结构[55-59]，如图 1-5 所示。最上层 RTO 通过最优化非线性稳态经济目标函数求解 MPC 输入输出变量的期望稳态最优值，上层 MPC 综合 RTO 层和 MPC 控制层的信息，通过求解受限线性或二次型优化问题计算被控变量和底层 MPC 输入量的设定值。由于当前的生产约束随干扰、仪器和设备可用性、过程环境等变化而变化，上层 MPC 的优化计算采用与底层 MPC 控制器相同的采样周期。

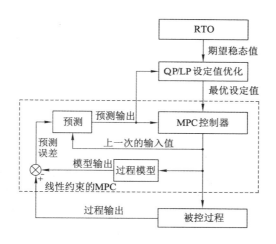

图 1-5　带有实时优化的两层 MPC 结构

上述线性 MPC/RTO 的集成优化结构提供了控制层与优化层任务的清晰界限，其特点包括：当系统存在不确定扰动时，设定值能够实现快速改变；减少了 RTO 层非线性稳态模型和 MPC 线性稳态模型之间的矛盾；解决了设定点变化过大导致线性控制器不稳的问题；由 MPC 控制器实现的期望指标偏移量的分布被明确地控制和优化[60]。目前，线性 MPC/RTO 相集成的方法已经在流体床催化裂化过程[61]、污水处理过程[62]、精馏塔控制过程[63]以及汽油发动机怠速控制过程[64]中获得了应用。

线性 MPC/RTO 集成的优化控制方法是一种分层优化控制方法，其优化过程与控制问题求解是在不同层次上分别实施的。目前，部分学者提出了一种单层优化控制方法，也称直接优化控制[48,50,66-67]。直接优化控制将线性 MPC 控制器替换成非线性 MPC 控制器，实现了将优化问题和控制问题同时解决，也就是将常规 RTO 的非线性稳态优化求解问题集成到 MPC 的控制中进行统一处理。非线性 MPC 应用到设定值优化问题上是将传统的关于被控变量偏差和控制变量变化的二次成本函数替换为经济目标函数,被控变量的约束及过程限制可以直接包含在优化问题的约束中加以考虑。对比线性 MPC 与 RTO 集成的优化控制方法,直接优化控制方法具有如下优点[17,58]:

① 对干扰可以快速反应,而不必等到稳态。

② 避免了将受限被控变量调节到设定值的调节要求,对于被控变量受限的要求可以直接在优化问题的约束条件中加以考虑。

③ 避免了过调节,不必将被控变量调节到固定的设定值上,可以利用所有的控制自由度来优化过程性能。

④ 避免了由于不同层使用不同的模型产生的不一致问题。

⑤ 不必将经济目标和过程约束转换为控制成本函数,从而可能达到经济最优,并使得整定过程相对容易。

⑥ 整体策略具有结构简单的特点。

1.2.2.2 基于智能技术的运行优化与控制方法

上述基于模型的运行优化与控制方法在边界条件不频繁改变、生产相对稳定的工业过程,如化工过程取得了较好的控制效果。但中国的钢铁、有色、选矿等工业过程,由于其运行指标难以在线测量,生产边界条件变化频繁,如原材料成分波动、原矿品位低等,且机理不清,难以建立数学模型,难以采用上述基于模型的运行优化和控制方法。其运行控制常采用人工设定开环控制,即操作人员给出回路控制器的设定值。当工况变化频繁时,不能及时准确地调整设定值,致使这类设备长期运行在非经济优化状态,造成产品质量低、生产效率低、资源消耗大等问题。对于这种难以建立动态模型的生产过程,至今还没有形成一般的运行优化控制方法。一些学者针对不同生产过程的动态特性,通过结合模糊推理(Fuzzy Inference,FI)、案例推理(Case Based Reasoning,CBR)、规则推理(Rule Based Reasoning,RBR)、神经网络(Neural Network,NN)等人工智能技术来解决特定过程的运行优化与控制问题。

文献[68]以热轧层流冷却带钢卷取温度为运行指标,将操作员的经验知识与 FI、NN 相结合提出了一种主、从控制方法,来改善最终产品的性能。主控制器通过设计三个低维的模糊控制器与一个模糊解耦机制,建立了多变量模糊推理系统,用于给出控制回路的设定值,实现了整个冷却过程的闭环优化控制,并采用加权的方法提高控制器的鲁棒性。从控制器利用神经网络建立了设定值补偿模型,用于补偿冷却水温度等生产边界条件的变化对系统的影响。

文献[69]在冲矿漂洗水流量、励磁电流和给矿浓度控制回路的基础上,设计了由基于 CBR 的控制回路设定模型、基于 RBR 的反馈补偿器构成的混合智能控制方法,用于将强磁选过程的精矿品位与尾矿品位控制在目标值范围内。

文献[70]为实现将竖炉焙烧过程的磁选管回收率、产量与能耗多运行指标控制在目标值范围内,提出了一种基于多目标评价的混合智能控制方法,该方法采用 RBR 用于辨识当前运行工况,在此基础上采用 CBR 给出加热煤气、还原煤气和搬出时间的设定值,并利用 NN 在线调节加热煤气与加热空气的比例系数,实现对加热煤气设定值的调整,有效保证了运行指标。

文献[71]针对氧化铝配料过程的特点,将机理分析与智能技术相集成,提出由生料浆质量智能集成模型与配比优化决策模型组成的智能最优设定控制方法,其中生料浆质量智能集成模型包括基于物料平衡的机理模型和由机理补偿模型、基于 NN 的智能残差补偿模型与在线协调器组成的补偿模型。根据预报的生料浆质量(物料成分),配比优化决策模型采用专家系统在线给出物料配比参数,以调整回路设定值,实现生料浆质量的提高。

文献[72]针对稀土萃取分离生产过程的特点,将机理分析与 NN 相结合,给出了实现稀土萃取分离生产过程组份含量在线预测的软测量模型及其校正算法,并将 CBR 和软测量技术相结合提出了稀土萃取分离生产过程智能优化设定控制技术。该技术应用于 HAB 双溶剂萃取提取分离生产过程,实现了萃取分离生产过程的优化控制和优化运行,取得了明显的应用成效。

文献[73]提出了基于集成控制的优化设定方法,应用于 6 段步进梁式加热炉。所设计的反馈控制器采用了模糊 PID 算法,用于补偿设定值,并通过基于 DCS 的基础回路控制器跟踪设定值,以改善梁坯的加热效果。

文献[74]通过机理分析和 RBR,借助于统计过程控制技术,建立了加热炉炉温优化设定模型,并针对炉温的设定值设计了专家补偿器,可以适应频繁变化的边界条件和外部干扰,自动更新炉内每段温度的设定值。

文献[75]设计了一个具有炉温设定的控制系统,通过建立指标优化、理想加热曲线、加热策略、待轧策略、轧线纠正、钢坯升温、钢坯温度预报和跟踪等模型以及对钢坯温度的控制,产生加热炉炉温设定值,保证了炉温设定值与产量指标随工况变化实时处于最佳状态。

文献[76]针对铅锌烧结过程特性,设计了具有分层结构的智能集成优化和控制系统。上层为决策层,包括基于 NN 的原料浆质量/产量预报模型和智能优化模型,底层为执行层,由基于 DCS 的基础过程控制器实现。原料浆质量/产量预报模型采用机理与相关性分析来确定网络输入,智能优化模型在预报模型基础上,通过结合 c 均值聚类、遗传算法和粗糙集方法以优化生产过程的操作参数,从而提高原料浆质量与产量。

文献[77]针对冷连轧机轧制过程的优化设定问题,以板厚、板形为目标函数,采用免疫遗传算法(IGA)对冷连轧机轧制参数进行优化,应用实例证明其性能优于传统优化方法,可获得满意的综合效果。

文献[78]针对生料浆制备过程特性,提出一种智能优化控制方法。将生料浆制备过程的优化目标分解为两个子过程的优化目标,采用模型预设定、指标在线预报、基于模糊规则的前馈和反馈补偿方法实现了配料子过程的优化设定,同时采用粒子群算法对调槽子过程进行优化,从而最终实现了生料浆制备过程的优化控制。

由于工业过程不确定性干扰较多,如原料的性质、成分的变化以及操作员的异常操作等,这些因素不但容易造成产品运行指标无法被控制在目标值范围内,而且还会造成异常工况的发生,严重时导致停产。这类异常工况不同于传统意义上的控制系统组件失效引起的系统故障,异常工况完全可能在没有系统组件故障的情况下产生。而一旦出现了异常工况,将会严重影响生产过程,使生产过程的工作状态进入严重不稳定甚至停滞状态,造成生产过程不可控的局面。因此复杂工业过程的运行优化与控制不仅关系到产品质量与生产效益等,还关系到生产过程的安全与稳定运行。将机理分析与数据和知识相结合、统计方法和智能方法相结合,研究运行工况的故障预测、诊断和自愈控制是可能的有效途径。

文献[79]以能够及时发现和处理电熔镁炉熔炼过程异常工况为目的,提出了由异常工况识别算法和自愈控制算法组成的数据驱动的电熔镁炉异常工况识别和自愈控制方法。其中,异常工况识别算法采用数据驱动的规则推理技术诊断熔炼过程的异常工况。当异常工况发生时,自愈控制模块采用案例推理技术获得电流设定值的调整量,通过控制电流跟踪调整后的设定值,使异常工况消除。

文献[80]为解决竖炉焙烧运行过程中的故障工况对产品质量的影响,采用CBR技术提出了竖炉焙烧运行故障工况诊断和容错控制方法,以故障工况类型、加热煤气阀门开度、炉体负压、炉顶废气温度等作为CBR系统的输入,当工况条件发生变化时,CBR诊断系统能及时动态改变燃烧室温度、搬出时间以及还原煤气流量设定值。

文献[81]采用钢铁连退过程的数据,提出了基于机理分析与主元分析相结合的连退张力故障诊断方法。

针对复杂工业过程普遍存在的复杂特性,即工艺指标往往难以在线测量,并与底层控制回路的设定值密切相关,它们之间的动态特性常常具有强非线性、强耦合、难以用精确模型来描述、随工况运行条件变化而变化、运行过程易受干扰影响引发故障工况的特点,文献[7]提出了具有普适性的运行优化控制方法结构,其由回路控制层和控制回路设定两层结构组成,如图1-6所示。回路控制层采用已有的控制器设计方法,但由于运行过程的动态特性难以用数学模型来描述,只能依靠过程数据来设计控制回路设定层。

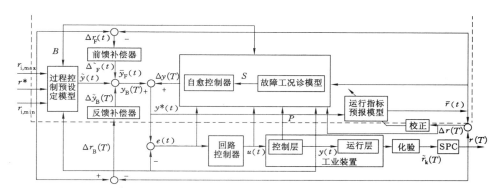

图 1-6　工业过程运行优化控制结构[7]

数据驱动的控制器设计思想是首先提出运行控制结构,然后采用过程数据设计结构中的各部分。由于上述工业装置的运行特性未知,受到不确定性的干扰较多,常常运行在动态之中,因此要求运行优化控制具有鲁棒性,常采用优化与反馈相结合实现动态闭环优化的策略。由于控制回路设定值的优化决策只能采用近似模型或者根据运行专家经验采用案例推理或专家规则等智能方法,从而决策的设定值往往偏离优化设定值,因此采用运行指标预报与校正策略。为了避免因决策出不合适的控制回路设定值而造成的故障工况,所以采用故障工况诊断与改变控制回路设定值使工业装置远离故障运行的自愈控制策略。采用建模与控制相集成,优化与反馈、预测与前馈相结合,案例推理、规则推理、智能行为与智能算法相结合,提出了由控制回路预设定模型、运行指标预报模型、前馈与反馈补偿器、故障工况诊断与自愈控制器组成得数据驱动的混合智能运行优化控制,如图 1-6 所示。文献[7]中进一步指出运行优化控制的各组成部分的设计方法随工业过程的动态特性不同而不同,并以几个典型过程为例进行详细说明。

1.2.3　工业过程运行优化与控制软件

工业过程的运行优化命题通常为一个较大规模的优化问题,不同过程其运行特性千差万别,所涉及的优化问题也不尽相同,主要包括线性规划以及二次方程规划和二次方程约束规划、非线性规划等。当前,对于上述优化问题的求解已有较为成熟的商业软件,目前技术最为领先、市场占有率最多的为 ILOG

CPLEX、LINDO/LINGO、Xpress-Optimizer 以及 Gurobi,其所能解决的优化问题如表 1-1 所示。Matlab、Scilab 等教学当中常用的优化器虽然也提供优化工具箱,但在处理大规模优化问题时其性能远远落后于这些商业软件。此外,这些商业软件在提供解决大型优化问题所需能力的同时,还提供了简单但强大的交互用户界面,并不同程度地提供了 C,C++,Java,Fortran,Python 和 .NET 等编程接口。

表 1-1 **商业优化软件**

公司名称	产品名称	产品描述
IBM Corp.	ILOGCPLEX	用于求解线性规划(LP)、二次规划(QP)、二次约束规划(QCP)和混合整数规划(MIP)
Lindo System Inc.	LINDO/LINGO	用于求解 LP、非线性(凸和非凸)规划(NLP)
Fair Isaac Corp.	Xpress-Optimizer	用于求解 LP、MIP、QP、整数二次规划(MIQP)
Gurobi Optimization,Inc.	Gurobi	用于求解 LP、QP、QCP、MIP, MIQP, 混合整数约束规划(MIQCP)

此外,优化软件的广阔市场前景不仅吸引了众多的科研院所,同时也促使了许多高技术优化软件公司开发出了许多优化求解器,如 Stanford 大学的 MINOS、Carnegie Mello 大学的 DICOPT、The Optimization Firm 公司的 BARON、Ziena Optimization 公司的 KNITRO 等。这些求解器由于其核心算法不同,所能解决的优化问题也不尽相同,具体如表 1-2 所示。一些以优化为目的商业建模软件将优化求解器集成(嵌入或调用)到软件中,从而同时提供了建模与优化的功能。

当前,主流的数学规划和优化的商业建模软件主要包括 AIMMS,GAMS 和 AMPL,其所支持的优化求解器如表 1-3 所示。利用这些软件可以方便地建立复杂和大型规模的优化模型,并可在模型的基础上创建一个完整图形化的用户界面,然后由这些建模软件负责将所建立的优化模型传送到求解器进行优化计算。

表 1-2 **优化算法求解器**

求解器	LP	QP	QCP	NLP	SOCP	SDP
APOPT	√	√	√	√		
ALGENCAN				√		
AlphaECP				√		

求解器	LP	QP	QCP	NLP	SOCP	SDP
ANTIGONE				√		
AOA				√		
BDMLP	√					
BPMPD	√	√				
BPOPT	√	√	√	√		
Bonmin				√		
BARON				√		
CLP	√	√				
CBC	√	√				
CONOPT				√		
Couenne				√		
CSDP	√					
DSDP	√				√	√
DICOPT				√		
FortMP	√	√				
GloMIQO		√	√			
IPOPT		√	√	√		
KNITRO	√	√	√			√
KESTREL	√	√	√	√	√	√
LocalSolver				√		
LGO	√	√	√			
MINOS	√	√	√	√		
MOSEK	√	√	√		√	√
MINTO	√					
OOPS	√	√				
OOQP	√	√				
OQNLP				√		
QSopt	√					
lp_solve	√					
SAS/OR	√					
SNOPT				√		

续表 1-2

求解器	LP	QP	QCP	NLP	SOCP	SDP
ANTIGONESBB				√		
SCIP	√	√	√	√	√	√
SoPlex	√					
Sulum	√					
XA	√	√				
Xpress	√	√	√	√	√	
WORHP				√		

表 1-3 商业建模软件中的求解器

公司名称	软件名称	求 解 器
AIMMS	AIMMS	AOA, LGO, BARON, CONIN-OR, CPLEX, Gurobi, KNITRO, LGO, MINOS, MOSEK, PATH, SNOPT, XA
GAMS Development Corp.	GAMS	AlphaECP, ANTIGONE, BARON, BDMLP, BONMIN, CBC, CONOPT, COUENNE, CPLEX, DICOPT, GLOMIQO, GUROBI, IPOPT, KESTREL, KNITRO, LGO, LINDO, MOSEK, MPSGE, MPSGE, NLPEC, OQNLP, OS, PATH, PATHNLP, SBB, SCIP, SNOPT, SOPLEX, Sulum, XA, Xpress
Lucent Technologies, Inc	AMPL	CPLEX, CP Optimizer APOPT, Bonmin, CBC, CLP, CONOPT, Couenne, FILTER, FortMP, Gecode, Gurobi, IPOPT, JaCoP, KNI-TRO, LocalSolver, lp_solve, MINOS, MINTO, MOSEK, SCIP, SNOPT, Sulum, WORHP, XA, Xpress-Optimizer

上述的优化软件或求解器虽然提供了一些行业模型库以及强大的优化能力,但由于其未提供工业运行系统所需的稳态检测、粗差检测、数据协调、模型更新、稳态优化以及设置值调节等功能,且缺少与 DCS 接口,因此难以工业应用,主要以教学和研究为主。

石化领域率先对工业过程的运行优化软件进行了探索。1986 年 Shell 公司开发了 Opera 优化软件包,并用于乙烯生产设备上。Opera 后来成为许多 RTO 软件包的基础。Shell 与拥有强大热力学建模技术的 Invensys 联合,开发了 ROMeo 优化软件。此后,Invensys 收购了 SimSci,并结合化工过程模拟软件 pro-II,开发了 SimSci ROMeo,提供了一个集成应用环境:优化、离线分析、数据调理、在线性能监测等多种功能[82]。由于优化技术所能带来的巨大经济效益及其潜在的巨大市场,从 20 世纪 80 年代开始,国外专门从事建模与优化的软件公司以及过程控制系统制作商纷纷推出自己的工程化 RTO 优化软件[83],如 Aspen Tech 结合自身在石油、化工过程建模技术的优势,开发了一套基于生产装置优化的 Aspen Plus Optimizer 系统,并集成在 Aspen One 软件套件中[84]。其他 RTO 优化软件还包括 Honeywell 的 ProfixMax、Emerson 的 RTO+ 等。上述软件广泛应用于几百家大型石化、化工、炼油、钢铁等企业,并取得了显著的经济效益[85]。

　　在 RTO 软件发展的同期,这些国外高技术公司也投入了大量财力和人力开发了各自的 MPC。如 1996 年美国 Aspen Tech 公司先后收购了 Setpoint 和 DMC 公司,推出了 DMC-Plus 控制软件包,在全世界范围内的石化企业应用上千套,为众多企业创造了显著的经济效益。Honeywell 也推出了 MPC 软件产品 RMPCT。表 1-4 和表 1-5 列出了国外几家著名公司开发的基于 MPC 技术的优化控制软件[54],其中 Continental Controls、DOT Products、Rockwell Pavilion 等公司以提供非线性 MPC 软件产品为主。英国 Invensys 公司推出的 Connoisseur 型预测控制器,可以在闭环控制情况下在线辨识过程模型,保证控制系统能在线自动与工况相适应,通过稳定生产、实施卡边或区域控制,以提高产品质量、增加产能及减少能耗。

表 1-4　　　　　　　　　　　基于线性 MPC 技术的产品和公司

公司名称	产品名称	产品描述
Adersa	HIECON PFC GLIDE	分层约束控制 预测控制 辨识包
Aspen Tech	DMC-plus DMC-plus Model	动态矩阵控制包 辨识包
Honeywell	RMPCT	鲁棒预测控制技术
Shell Global Solution	SMOC-II	壳牌石油公司的多变量预测控制
Invensys	Connoisseur	控制和辨识包

表 1-5　　　　　　　　　　　基于非线性 MPC 技术的产品和公司

公司名称	产品名称	产品描述
Adersa	PFC	预测控制
Aspen Tech	Aspen Target	非线性 MPC 包
Continental Control, Inc.	MVC	多变量控制
DOT Products	NOVA-NLC	NOVA 非线性控制器
Rockwell Pavilion	Pavilion	非线性控制

据调查,以 MPC 技术为主的优化控制软件的应用超过 4 600 例,并且数量还在不断增加。值得注意的是这些应用从单变量到几百个变量的都有。实时优化技术应用范围广泛,应用最多的是在精炼厂,占总数目的 67%;石化领域的应用也占有较大的比例;增长较快的领域包括化工、造纸、食品加工、航空以及汽车业。

AspenTech 和 Honeywell 公司的产品主要应用于精炼和石化行业,在其他工业领域的应用较少。Adersa 和 Invensys 的产品主要在食品加工、矿业/冶金、航空和汽车制造等行业应用的较多。SGS 的产品包括在 Shell 应用的 SMOC 控制器,SGS 的产品应用有向精炼和石化行业转移的趋势。

在线性 MPC 应用方面,AspenTech 倾向于使用一个控制器来解决一个大系统的控制问题,典型的应用案例是对石蜡生产过程的控制,据报道该过程有 603 个输出变量和 283 个输入变量。而其他公司更倾向于将大系统分解为子系统。非线性 MPC 应用范围比较均衡,包括化工、聚合物生产、气体生产等。由于非线性 MPC 的计算复杂,因此非线性 MPC 应用要远远少于线性 MPC 的应用[86]。

1.3　磨矿过程运行优化与控制方法和软件现状

随着运行优化与控制方法和软件的迅速发展及其在解决石油、化工等工业过程的运行优化问题上取得的丰硕成果,运行优化与控制技术近年来受到选矿工业的广泛关注,并逐渐应用到磨矿过程以实现生产过程的最优运行。

1.3.1　磨矿过程运行优化与控制方法

1.3.1.1　基于模型的磨矿过程运行优化与控制方法

国外先进的选矿厂首先通过配矿的方式对矿石进行了"均一化"处理,以保证磨矿生产运行过程中新给矿性质的稳定,从而使得生产比较平稳,具有稳定运行工作点,因此可建立过程的近似动态数学模型。在此基础上众多学者结合 RTO[87-88]、MPC[89-100]、多变量解耦控制[101-103]等方法开展了磨矿过程运行优化与控制方法研究。

文献[87]针对由一段棒磨开路、二段球磨机-水利旋流器构成的闭路磨矿过程,建立了以磨机处理量最大化为性能指标,以循环负荷、泵池液位以及旋流器溢流和底流浓度的上下限值为约束的稳态优化模型,并采用泰勒近似法将非线性性能指标函数转化为关于基础控制回路设定值的线性性能指标函数,从而采用基于线性规划的 RTO(LP-RTO)方法实现磨机给矿量、泵池液位和分级机溢流浓度等回路设定值的在线优化,如图 1-7 所示。文献[88]针对由球磨机和水力旋流器构成的闭路磨矿过程,提出了一种由上层监督和底层基础反馈控制组成的磨矿过程监督控制方法。其中上层监督控制通过建立以磨矿产品粒度分布为经济性能指标的稳态优化模型,在线求解给矿和给水回路的最优设定值;底层基础反馈控制采用常规多回路 PID 控制技术,实现设定值的跟踪控制,从而使磨矿产品粒度分布集中在＋100～325 目的最佳范围内。

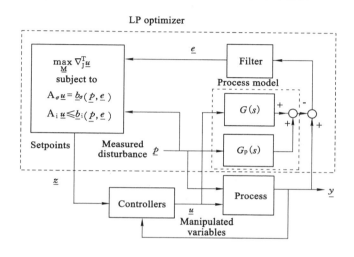

图 1-7   文献[87]提出的磨矿过程实时线性规划优化策略

然而,由于 RTO 采用稳态过程模型,上述方法只能在整个生产过程达到稳态时才可对设定值进行优化,当磨矿运行存在干扰或生产边界条件发生变化时,无法及时处理,从而造成优化滞后,不能实现磨矿运行的闭环优化。由于 MPC 技术的蓬勃发展以及在众多工业领域的成功应用,使得磨矿运行过程的闭环优化控制问题可采用 MPC 来解决[89-91]。

文献[92]针对由球磨机和水力旋流器构成的闭路磨矿过程,首先通过阶跃响应测试建立磨矿过程的时域传递函数模型,并给出了系统的约束方程。在此基础上采用传统 MPC 方法对球磨机新给矿量和泵池补加水流量的设定值进行调整,以实现对运行指标即旋流器溢流粒度和球磨机矿浆通过量的优化控制。在操作点漂移的情况下,将 MPC 与传统 PID 方法进行对比,表明了 MPC 方法在磨矿过程应用中的有效性和可行性。文献[93]以棒磨机给矿量和泵池补加水流量为输入,以磨矿粒度、水力旋流器给矿矿浆浓度为输出,建立基于脉冲响应的二输入二输出的被控对象模型,采用预测控制算法对磨矿过程进行了研究,实验结果表明模型预测控制方法能够有效减少稳态误差,减少被控变量之间的静态耦合作用,并且通过建立补偿器改进了原来的模型预测控制方法,使之能有效减少被控变量之间的动态耦合。文献[94]针对由一段棒磨开路、二段球磨机-水利旋流器构成的闭路磨矿过程,提出一种基于 Fuzzy-MPC 的磨矿过程运行控制方法,如图 1-8 所示。其中 Fuzzy 控制器通过选择旋流器的开启组数来控制磨矿的循环负荷;MPC 控制器通过在线优化给矿量和矿浆浓度的设定值来实现磨矿粒度的控制。文献[95]以溢流浓度和溢流粒度保持在质量指标区间为控制目标,为使完成动态优化目标后控制器仍有剩余自由度,提出一种考虑局部稳态经济目标的多模型预测控制(multiple-MPC)方案。该方案首先通过现场数据建立了多个球磨机和分级机传函矩阵模型,并建立了一种基于换球规律的多模型切换策略,然后将稳态经济目标以罚函数形式嵌入动态优化目标函数,在线求解出原矿下料量、入磨加水量等回路的设定值,从而实现控制目标。文献[96]系统地对 MPC 与其他控制方法的性能进行对比分析。

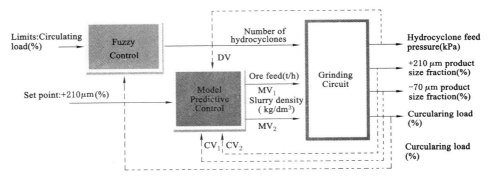

图 1-8　文献[94]提出的基于 Fuzzy-MPC 的磨矿过程运行控制策略

　　一些学者针对磨矿过程特性,提出了基于改进 MPC 的磨矿过程运行控制方法,并通过仿真验证了方法的有效性。如,针对基于常规 MPC 的运行反馈控制方法在控制具有较强外部干扰和不确定动态运行环境的工业过程时控制性能的不足,在 MPC 运行控制的基础上,文献[97-98]引入干扰观测技术,提出了基于干扰观测器 DOB 与 MPC 相集成的磨矿过程运行控制方法。针对磨矿过程的非线性特性,文献[99]将鲁棒非线性 MPC(robust NMPC)方法应用到磨矿过程中,并通过仿真说明了 robust NMPC 在抑制磨矿过程外部干扰和模型参数不确定方面的出色性能。由于 robust NMPC 存在计算负荷大,不便于在线实施的问题,文献[100]提出一种基于模型预测静态规划的磨矿最优控制方法,其通过将 MPC 与近似动态规划相结合,把动态优化问题转变为一个低维的静态优化问题进行求解,从而大大降低了计算的复杂度,使 NMPC 能够在线实施。

除上述 MPC 方法外,一些学者将传统多变量控制技术扩展到磨矿运行控制层,开展了基于多变量控制技术的磨矿运行控制方法研究[101-103]。文献[102]针对磨矿过程的多运行指标及其测量反馈大时滞特性,提出基于改进两自由度(2-DOF)解析解耦的运行反馈控制方法。针对具有多变量及多输入输出时滞特性的运行过程模型,为了设计能够物理实现的 2-DOF 运行控制系统,提出基于频域多点阶跃响应匹配的高阶多时滞系统的模型近似方法。磨矿过程的仿真应用及比较验证了所提方法的有效性和先进性,文献[103]针对磨矿过程运行性能受各种未知动态干扰影响,以及先进控制方法干扰抑制性能的不足,引入变量干扰观测(MDOB)技术,在此基础上,提出基于 MDOB-APC 的集成运行反馈控制方法。仿真研究表明该方法能够对基础回路设定值进行自动更新使得磨矿系统快速进入新的工作点,在干扰抑制、干扰观测以及磨矿过程整体运行控制方面优于传统 MPC 运行反馈控制的效果。

1.3.1.2 基于智能技术的磨矿过程运行优化与控制方法

基于模型的磨矿过程运行优化与控制方法需要建立被控对象的数学模型,而在实际工业过程中,磨矿粒度指标和磨机负荷状态等参数往往难以在线测量,通常只能通过实验室化验或人工凭经验获得,无法满足运行指标闭环优化控制的要求,在这种情况下,基于模型的控制方法难以应用到实际工业过程,这使得基于智能技术的磨矿过程运行优化与控制方法得以深入研究与探索,并在实际系统得以应用,取得显著的成效。

由于专家系统能够囊括领域专家水平的知识与经验,模拟人类专家解决问题的方法来处理该领域问题,因此,可采用专家系统技术来设计磨矿过程运行优化与控制系统。选矿中的专家系统就是通过监测设备运行情况,并不断更改控制回路设定值,以实现控制经济目标的智能计算机控制系统[104]。文献[105]在回路调节层的基础上,以稳定磨矿粒度和最大化磨机新给矿量为运行控制目标,根据人工操作经验和磨矿过程机理,建立利用专家规则库,对磨矿运行过程进行监督控制。通过对磨矿生产工况的判断给出磨矿浓度、泵池加水量以及泵池液位控制回路的设定值。实际应用表明该方法可以有效抑制原矿性质的变化造成的磨机"过负荷"故障,能够保证磨矿粒度始终能够工作在目标值附近,同时提高球磨机处理量。文献[106]在建立了给矿粒度图像分析系统的基础上,采用专家经验控制模型,通过对磨机功率的监控,使控制系统能够在矿石性质发生变化时自动调节控制回路的设定值从而最优过程运行性能,并有效避免磨机过负荷故障工况的发生。在实际工程的应用表明该系统有效提高磨机处理量 5%。

专家系统主要采用启发式规则集,但其存在知识获取瓶颈问题,通常将专家系统与模糊逻辑推理相结合来解决实际问题。文献[107]针对磨矿过程易受干扰影响而引发磨机过负荷故障的问题,在专家规则基础上,提出了磨矿过程的多变量 Fuzzy 监督控制方法,用于在磨机过负荷发生或即将发生时,通过对给矿量、磨矿浓度和溢流浓度控制回路设定值的调整,有效消除或避免异常工况的发生。文献[108]以保证产品质量合格、最大限度地提高处理能力并降低能耗为运行控制目标,通过对现场大量的数据采集和专家咨询以及对系统工艺流程的分析,采用专家系统与模糊控制相结合的控制方法,在线调整球磨机前给水量设定值、球磨机给矿量设定值、旋给泵压力设定值、矿浆池液位设定值。工业实验表明其可以在实现对旋流器溢流粒度的要求的同时,提高磨机系统平均处理量,从而提高磨机的生产效率,降低选矿厂的能耗。文献[109]设计了由知识库、数据库、模糊逻辑推理引擎、计算机控制和通讯接口以及人机交互接口所组成的专家系统,用于确定底层基础控制的设定值,从而结合底层回路控制的跟随作用,达到最大化磨矿效率和稳定磨矿粒度的运行控制目标。

1.3.1.3 基于数据的磨矿粒度建模方法

将磨矿粒度控制在目标值或目标值范围内常常是磨矿过程运行优化与控制的目标之一,然而磨矿粒度分析仪在实际应用过程中效果并不理想,易发生采样管堵塞和结巴等现象,清理后需要重新进行仪表的标定。此外,对于性质不稳定、粒度覆盖范围广的矿石,也需要不断调整粒度仪工作参数以适应矿石性质的变化,因此实际现场需要对粒度分析仪进行频繁维护。由于仪表的标定所要求数据较多且需要较长时间的人工化验,使得仪表维护时间较长,导致难以对磨矿粒度进行长时间连续地直接闭环优化与控制。解决该问题的最有效方法是通过数据对其进行实时在线估计或预报,当前已有的磨矿粒度数据建模方法包括数据回归[113-117]、神经网络 NN[118-121],支持向量机 SVM[122-123] 和案例推理 CBR[124-125] 等方法。

早期的磨矿粒度数据建模方法主要采用基于线性回归模型(如自回归滑动平均模型 ARMAX)的建模方法[110-111],但是由于磨矿过程的非线性本质,采用线性模型难以保证模型的精度,为此一些学者提出了基于非线性自回归滑动平均模型 NARMAX 的磨矿粒度模型[112-113],并在真实检测仪表存在时,利用数据对模型参数进行在线校正。针对模型参数更新可能会导致模型的偏移违背物理或逻辑约束的问题,文献[114]对以新给矿量、旋流器给矿浓度和压力为输入,以+65 目百分含量的矿石粒度为输出的 NARMAX 模型的参数,采用了两种约束参数估计方法,即误差投影 EP 算法和带遗忘因子回归最小二乘 RLS 算法,并利用工业磨矿过程数据对两个算法进行了对比分析。

由于 NN 可以在不具备对象先验知识的条件下,根据对象的输入、输出数据直接建模,具有自学习、自适应以及任意非线性函数逼近的功能,近年来被广泛应用到磨矿粒度的建模过程中。文献[115]利用一个磨矿过程动态仿真器 Dynafrag 的数据,建立了磨矿粒度的 NN 模型,采用主元分析(Principal component analysis, PCA)方法缩减了模型输入变量,从而简化了模型,并研究了在 BP(back-propagation)算法与 quasi-Newton 算法下的网络性能。文献[116]开展了基于前向 NN 和自联想 NN 的磨矿粒度模型的研究,并在基于 Levenberg-Marquardt(LM)方法的网络权值学习算法下,对不同模型进行了对比分析。由于径向基函数(RBF)网络的非线性映射效果比其他函数网络优越,且网络学习简单快速,文献[117]给出一个基于 RBF-NN 的磨矿粒度模型,并通过机理分析选择了模型输入变量,模型有效性通过一个磨矿过程动态仿真器 MPDS 进行了验证。文献[118]结合典型两段磨矿过程的特点,采用多输入层 NN 和遗传算法 GA 相结合的方法,提出了利用实数编码 GA 训练 NN 多输入层权值的混合算法,建立了磨矿粒度的 NN 模型,并通过现场数据验证和实际应用验证了方法的有效性。

SVM 在形式上与前向神经网络相类似,是一种基于统计学习理论的机器学习新方法。其通过引入松弛变量和核函数技术使其与神经网络方法相比,具有小样本学习、泛化能力强等特点,能有效避免过学习、局部极小点和维数灾难等问题,因此基于 SVM 的磨矿粒度模型被提出并得以应用。文献[119]针对水利旋流器单体设备,以旋给压力、旋给流量、旋给浓度和溢流浓度为输入,以一200 目百分含量的矿石粒度为输出,建立了基于 SVM 的磨矿粒度模型,并利用最优贝叶斯估计方程将 SVM 模型与辨识模型和经验模型进行加权组成一个混合模型,从而提高模型精确度。文献[120]结合磨矿过程的特点,提出了应用混合核 SVM(MKSVM)对磨矿粒度进行预测的方法,并针对 MKSVM 方法缺少有效的混合核参数选择手段的问题,利用遗传算法对混合核参数进行优化选取。

此外,文献[121]针对基于 NN 和 SVM 磨矿粒度模型不便于在线校正的问题,将 CBR 技术用于解决磨矿粒度的在线估计问题,其通过不断修改旧案例和增加新案例使模型精度不断提高,以克服其精度较 NN 和 SVM 模型差的不足。文中还提出一种改进的 k-nearet neighor(k-NN)算法用于案例检索,并采用模糊相似粗糙集技术进行离线的案例特征权值确定,从而提高了磨矿粒度的估计精度[122],在中国某大型选矿厂中的成功应用表明了方法的有效性。

1.3.2 磨矿过程运行优化与控制软件

鉴于工业过程运行优化与控制技术在石油、化工等过程中的成功应用以及其在提高产品质量、生产效率和生产经济利润方面所取得的突出成果,一些国外先进控制技术公司,如芬兰 Outotec、澳大利亚 Manta Control、南非 Mintek、美国 KnowledgeScape 等,结合其在选矿领域几十年的科研成果,纷纷推出了磨矿过程运行优化与控制软件产品。

Outotec 公司集成了 RBR、FI 等智能控制技术,结合 Outotec 在选矿生产过程中积累的大量操作经验和生产推理知识,推出了 ACT 软件(专家控制系统)[123],用以实现磨矿过程和浮选过程等的运行优化控制。该软件由 ACT Designer、ACT Engine 和 ACT User Interface 三部分组成。其中 ACT Designer 提供了控制策略的图形开发环境,可实现专家规则或模糊规则的编程;ACT Engine 是控制策略的执行引擎,并提供了与 DCS/PLC 控制系统通讯接口;ACT User Interface 运行在 web server 上以提供一个可实现过程监控的 web 人机交互系统,图 1-9 为 ACT 的软件结构。在应用到磨矿过程时,ACT 是通过优化各基础控制回路的设定值来实现增加处理量、提高产品质量、提高回收率、降低能耗的生产目标[124]。江西铜业集团公司德兴铜矿大山选矿厂磨矿系统投入 ACT 软件后磨机台式处理量增加了 5 t/h[125]。

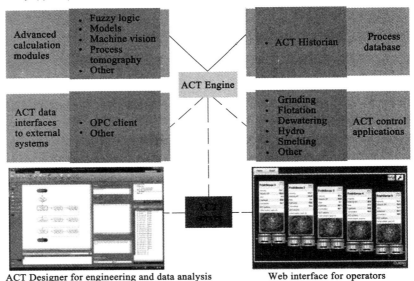

ACT Designer for engineering and data analysis　　　Web interface for operators

图 1-9　ACT 的软件结构

美国 KnowledgeScape 公司将 FI、NN 结合其在矿物加工过程优化 30 多年积累的科研成果,开发了专家控制软件 KSX[126],以通过调整控制回路设定值来实现选矿过程运行优化,如图 1-10 所示。为实现半自磨机与球磨机在保持最佳磨矿粒度的同时尽可能提高处理量,并有效保护磨机生产设备的目标,KSX 提供了磨矿过程专家软件 GrindingExpert[127]。GrindingExpert 以 10 s 的采样周期从 DCS 系统读取当前磨矿运行数据,并利用一个磨机通过量监视软件 MillsSanner[128],采用所建立的专家规则推理机制,每分钟对磨机给矿量、磨机转速、磨机入口给水等回路的设定值进行调整,从而在保证产品质量的同时可提高 3%~6% 的矿石处理量,如图 1-11 所示。

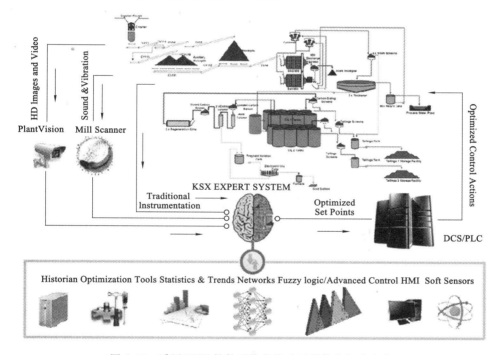

图 1-10 采用 KSX 软件系统的选矿过程优化解决方案

Manta Control 公司采用基于模型的约束控制、专家控制、前馈控制、增益调度、比例控制、多变量解耦控制等控制技术开发了 Manta Cube 控制系统软件[129],可用于实现磨矿过程的运行控制。Manta Cube 采用模块化开发框架,便于软件维护和升级,且其可在不改变原有 DCS 或 PLC 控制系统的结构和功能基础上,作为一种内嵌功能模块集成在控制系统中实现磨矿过程的运行控制。其在澳大利亚纽克雷斯特矿业公司的 St. Ives 金矿的半自磨生产过程的应

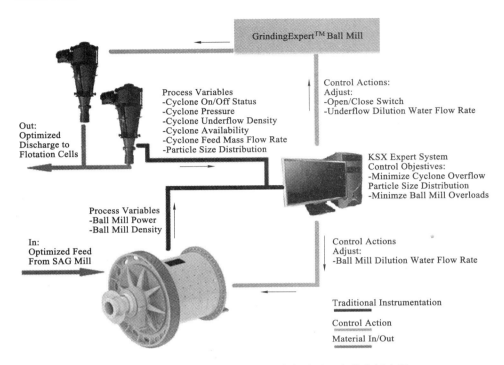

图 1-11　KSX 在球磨机-旋流器闭路磨矿过程中的应用实例

用表明,该控制软件可有效克服给矿量和矿石成分扰动带来的干扰,稳定磨矿生产与产品质量,并提高 6.1% 的磨矿处理量[126]。

丹麦 FLSmidth 公司开发了 ECS/ProcessExpert 磨矿过程专家系统,该软件融合了 MPC、FI 和 Kalman 滤波等技术,通过对给矿量、磨机加水量、磨机转速、旋给浓度等回路参数的调整,使得磨矿生产过程远离非正常工况,实现磨矿过程的最大处理量、获得理想的磨矿粒度指标,最终在增加效益的同时达到降低生产成本的目的[131]。ECS/ProcessExpert 在 Nkomati Nickel Mine 镍矿磨矿系统的应用表明能够有效预防磨机发生过负荷事故,使得磨矿生产过程连续稳定生产,并在满足各种生产操作的限制条件下,提高了磨矿过程的处理量 4.30%,降低了一段自磨机功耗 5.10%,降低了二段球磨机功耗 9.25%[132-133]。

南非 Mintek 公司开发一个用于磨矿过程的控制软件包 MillStar[134],用于实现磨机过程的优化、稳定、估计和故障诊断以及信号调理,如图 1-12 所示[135]。通过泵池液位、旋流器入口流量、浓度、压力以及出口浓度、粒度、磨机功耗等参数的在线检测,建立磨机装球量、磨机排矿浓度、旋流器溢流粒度的预估模型,并以给矿量、泵池液位、旋流器组开关、循环负荷、功率等参数为调节手段实现磨矿过程的优化[136]。据报道 MillStar 在稳定旋流器溢流浓度、粒度的前提下,可提高破碎处理能力 4%、磨矿处理能力 6%～16%[137]。其所采用的磨机功耗优化控制策略和控制效果如图 1-13 和图 1-14 所示[138]。

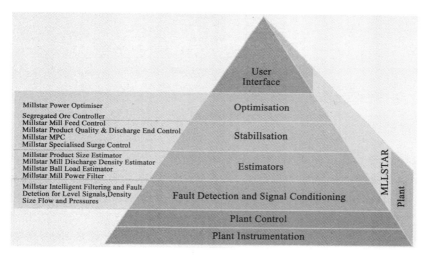

图 1-12 MillStar 软件功能架构

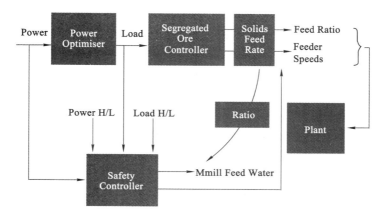

图 1-13 MillStar 的磨机功耗优化控制策略

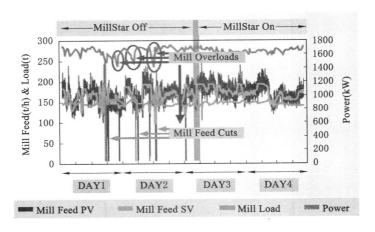

图 1-14　机功耗优化结果

全球著名的岩石和矿物加工系统供应商法国 Metso Minerals Cisa 公司开发了用于解决选矿全流程包括破碎、磨矿、浮选、浓缩等过程最优运行控制问题的优化控制软件,即 Optimizing Control System(OCS)[138]。OCS 通过采用专家系统、建模与优化模块以及 FI、NN、MPC、图像与声音分析等技术(如图 1-15[139]),在线给出最优的基础控制回路设定值,以弥补传统 DCS 和 PLC控制系统的不足,从而实现选矿过程最优运行,如图 1-16 所示[140]。该系统已经成功地应用于加拿大、南非、瑞典、坦桑尼亚、荷兰等多家选矿厂。据统计,该产品为每年客户带来的投资回报率为 100%～500%。

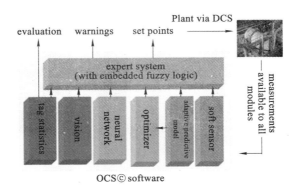

图 1-15　OCS 的软件结构

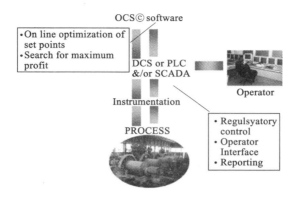

图 1-16　采用 OCS 软件的运行控制系统架构

美国 Honeywell 公司利用开发出的多变量预测控制器 Profit Controller，为选矿行业提供了一个磨矿智能控制软件包 SmartGrind。一个典型的 Smart Grind 先进控制系统如图 1-17 所示[141]。其通过分析原矿性质等影响因素，采用 NN 来预报异常工况，并通过在线修改多变量模型预测控制器参数，在保证过程约束的同时，使得磨矿过程远离异常工况，尽快回到正常工况范围内，从而增加磨机处理量和提高磨矿粒度，实现磨矿过程优化运行的目标[142-143]。据报道，利用 SmartGrind 提供的先进控制策略能使磨矿生产过程稳定、减少原矿类型不同对系统的影响、提高矿石处理量（2％～5％）、使产品粒度分布均匀、降低磨矿系统能耗（1％～2％）。

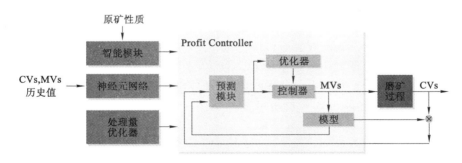

图 1-17　SmartGrind 控制策略

1.4 赤铁矿磨矿过程运行优化与控制技术的现状

由于赤铁矿磨矿过程具有强非线性、多变量耦合、磨矿机理不清,并受原矿粒度与可磨性等不可测随机干扰的影响,难以建立数学模型的特性,因此难以采用基于模型的磨矿过程运行优化与控制商业软件。此外,基于智能技术的磨矿过程运行优化与控制商业软件,虽然在国外铁矿、铜矿、镍矿、金矿、氧化铝等选矿企业的磨矿过程得到了应用,但由于我国赤铁矿矿石性质、磨矿和分级设备、生产流程等均与国外选矿企业不同,实现运行优化与控制的算法也与国外商业软件所提供的算法不尽相同。此外,这些商业化的软件由于技术封闭,只提供了有限的扩展接口,如 KnowledgeScape 的 KSX 虽然对模糊逻辑推理系统提供了图形编辑接口,但开发技术封闭,使用人员不仅无法对算法进行修改,也无法将利用第三方软件开发的算法嵌入到 KSX 中使用,因此难以结合我国赤铁矿磨矿过程的特点对这些商业软件进行二次开发与应用。

我国赤铁矿磨矿生产过程主要依靠操作员凭借其经验来调整控制回路的设定值,然而由于人的主观性和随意性,操作员往往不能及时对当前的磨矿工况进行全面的了解和判断,从而给出正确的回路设定值调节量,常常导致磨矿粒度超出目标值范围,甚至有时给出的回路设定值远远偏离最优运行工作点,导致磨机欠负荷或过负荷异常工况的发生,容易发生引起设备的损坏,或造成整个磨矿过程的停产。

为使赤铁矿磨矿过程运行在最优经济状态,近年来,东北大学流程工业综合自动化国家重点实验室的周平博士在赤铁矿磨矿过程的运行优化与控制方法方面做了较深入的研究。鉴于 CBR 技术在解决复杂领域或知识不完备领域中的问题处理能力,及其具有克服传统专家系统知识获取瓶颈问题的品质[144],周平在文献[145]中针对实际磨矿过程特性,以控制磨矿产品粒度在目标范围内为目标,将运行数据和运行知识相集成,提出了基于 CBR 的磨矿分级系统智能设定控制方法。所提方法依据边界条件和运行工况等信息自动更新各基础控制回路的设定值。在实际赤铁矿磨矿系统的应用表明有效减少了磨矿粒度的波动幅值。此后,周平进一步在文献[146]中提出一种由 CBR 的回路预设定模型、磨矿粒度动态神经网络软测量模型及回路设定值模糊调节器构成的磨矿智能运行反馈控制方法,用于给出球磨机给矿量、磨矿浓度、分级机溢流浓度、旋流器给矿浓度和给矿压力等五个基础回路的设定值。其采用 RSView32 组态软件,充分利用内嵌的 VBA 脚本,基于所提方法开发了赤铁矿磨矿过程智能设定软件,通过 OPC 通讯协议实现与 ControlLogix 控制系统的数据通讯,并将其应用于实际系统中。长期运行结果表明:所提方法稳定并优化了磨矿粒度,提高了磨矿作业率和台时处理量,增加了磨矿生产经济利润。

1.5 存在的问题

虽然基于 CBR 技术的赤铁矿磨矿过程运行优化与控制系统[146]对赤铁矿磨矿过程的生产稳定,提高磨矿产品质量、生产效率方面均取得了一定成效,但是由于 CBR 本身存在的问题导致难以实现赤铁矿磨矿过程的最优运行。

CBR 是一种类比推理方法,它提供了一种近似人类思维模型的建造专家系统的新的方法学,这与人对自然问题的求解相一致。它是把过去的经验转化为案例,然后通过案例的匹配,检索出与新问题相似的案例,再进行修正,成为新问题的解决方案,简单地可理解为 CBR 是运用过去的经验来解决新的问题。虽然 CBR 是通过收集以往的案例来获取知识,一定程度上避开了"知识获取瓶颈"的问题,但其较依赖于人工以往的操作案例,这些案例的好坏及其是否覆盖整个过程动态直接决定了基于 CBR 的控制系统的性能优良。此外,当赤铁矿磨矿过程特性发生变化时,CBR 虽然提供了案例修正的功能,但案例的修正往往仍然需要依赖领域内的专家知识,因为只有知道当前案例与历史案例哪些特性不同,以及不同的地方又会对最终的解造成什么影响,才能对案例进行正确的修正。这就使得 CBR 系统需要附加一个领域知识库与一个存储修改规则。如文献[146]采用一个模糊专家规则推理模块,即回路设定值模糊调节器来实现 CBR 的案例修正。但这样做的缺点也是非常明显的:修改规则难以获取,专家知识可能不足以覆盖所有运行工况,或考虑到所有的干扰。而文献[145]在采用 CBR 给出的回路设定值无法获得期望的磨矿粒度时,只能重新进行案例检索、匹配与重用操作,无法保证控制精度,因此难以实现赤铁矿磨矿过程运行的最优性,导致磨矿粒度虽然可以控制在工艺要求的范围内[56%,60%],但很难控制在期望值附近,并在矿石性质波动时,磨矿粒度也始终在[56%,60%]内波动。

此外,由于当前没有一个可用于工业过程运行优化与控制系统开发的软件平台,而 DCS/PLC 的控制算法组态软件平台因无法满足复杂算法开发与运行而无法使用,因此文献[146]采用直接在 Rockwell 公司 ControlLogix 监控计算机的组态软件 RSView32 上开发的方式,依靠其内嵌的 VBA 脚本编程语言实现了所提方法。然而,由于监控系统需要专用的计算机,不同的 DCS/PLC 控制系统监控计算机的软、硬件环境不同,这使得在一种型号 DCS/PLC 的监控计算机上开发的优化控制软件很难移植到另一种型号 DCS/PLC 的监控计算机上,大多数情况下必须重新开发,导致人力、物力以及算法资源的浪费。

1.6 主要工作及内容概述

本书针对赤铁矿磨矿过程运行优化与控制系统存在的上述问题,依托国家自然科学基金项目(项目编号 61603393)、江苏省自然科学基金项目(项目编号 BK20160275)、中国博士后科学基金项目(项目编号 2015M581885)、东北大学流程工业综合自动化国家重点实验室开放课题基金项目(项目编号 PAL-N201706)以及国家 973 计划项目(项目编号 2009CB320601,2009CB320604),以我国特有的一段赤铁矿闭路磨矿过程为研究对象,开展运行优化控制的方法与软件系统的研究,主要工作如下。

(1) 提出了由主模型和误差补偿模型组成的赤铁矿磨矿粒度软测量算法。其中,主模型根据物料平衡原理建立磨矿粒度的动态模型,并采用 prey-predator 方法校正模型参数;误差补偿模型针对赤铁矿强磁性颗粒的"磁团聚"特性会对实际测量带来较大干扰以及磨矿过程特性随运行过程缓慢变化的问题,采用一种基于非参数核密度估计与加权最小二乘方法的在线鲁棒随机权神经网络,通过数据来在线补偿主模型输出与真实磨矿粒度间的误差。

(2) 为将磨矿粒度与循环负荷控制在期望值,实现赤铁矿磨矿过程的提质增效,提出基于强化学习的赤铁矿磨矿过程运行优化控制方法。其采用 Elman 神经网络构建用于策略评价的 Q 函数网络模块,然后基于此 Q 函数网络模型,采用基于 Boltzman-Gibbs 分布的增强学习算法调整回路设定值,并且通过 LM 算法更新 Q 函数网络模型的,实现在线学习,并给出了保证网络收敛的条件。在基于 Metsim 的磨矿模拟系统上开展的实验研究表明,所提方法能够在线优化设定值,实现磨矿粒度和循环负荷的优化控制,达到磨矿过程提质增效的目的。

(3) 为实现在赤铁矿磨矿过程安全生产前提下,将磨矿粒度控制在目标值范围内并尽可能接近目标值的控制目标,利用实际数据,提出了一种由控制回路设定值优化和磨机负荷故障诊断与自愈控制组成的数据驱动的赤铁矿磨矿过程运行优化控制方法。其中控制回路设定值优化采用两个串联神经网络,通过引入磨矿粒度与粒度目标值偏差的二次性能指标,利用期望的磨矿粒度已知的条件,实现了难以建模的赤铁矿磨矿过程回路设定值的在线优化。磨机负荷故障诊断采用规则推理技术诊断磨矿过程的磨机负荷异常工况,当异常工况发生时,自愈控制模块采用案例推理技术获得回路设定值的调整量,通过控制回路实际输出跟踪调整后的设定值,使异常工况消除。

　　（4）针对当前缺少可实现集运行指标软测量、优化控制、故障诊断与自愈控制等复杂算法为一体的运行优化控制方法的软件这一实际问题，以组件技术、算法图形化组态技术、算法重用技术、控制策略校验与自动执行技术、算法求解技术与数据交互技术为关键技术，开发了具有运行优化控制算法图形化组态、算法管理、算法求解、控制策略校验与自动执行、数据显示与分析等功能的磨矿运行优化控制组态软件平台，其经过具有认证资质的专业测试机构的测试，获得了 CNAS 与 CMA 认证。利用软件平台提供的运行优化控制算法图形化组态功能实现了所提出的赤铁矿磨矿粒度软测量、回路设定值优化以及负荷异常工况诊断与自愈控制算法，并在磨矿粒度运行控制半实物仿真实验系统上进行了实验，验证了所提方法和所开发的软件平台的有效性和可用性。

　　（5）开发了面向工业应用的赤铁矿磨矿运行优化控制软件系统。该软件系统包括数据录入、优化条件判断、磨矿粒度软测量、回路设定值校正、数据通信异常诊断、运行日志管理等功能模块。该软件系统在我国某赤铁矿选矿厂的磨矿过程进行了工业应用，首先采用实际工业数据验证了软件系统对磨矿粒度的在线估计性能，在此基础上利用该系统辅助现场操作员实现了对回路设定值的在线调整，从而提高了磨矿产品合格率与生产效率，有效说明了所开发的软件系统的有效性和可用性。

　　本书结构及各部分研究内容安排如下。

　　全书共分 8 章：第 1 章绪论，主要介绍本书工作的背景和研究意义、工业运行优化与控制方法及软件研究现状、磨矿过程运行优化与控制方法及软件研究现状、存在问题以及本书工作。第 2 章介绍赤铁矿磨矿过程及其运行优化控制问题、特性分析、控制难点分析。第 3～5 章为本书的第一个重点，详细介绍本书所研究的赤铁矿磨矿过程运行优化与控制方法。其中，第 3 章针对赤铁矿磨矿粒度难以在线检测的问题，研究机理与数据混合驱动的软测量方法以及对比仿真实验。第 4 章和第 5 章分别介绍了基于强化学习的赤铁矿磨矿过程运行优化控制和面向生产安全的赤铁矿磨矿过程运行优化控制两种数据驱动的方法。第 6 章和第 7 章为本书的第二个重点，详细介绍的本书所研究的赤铁矿磨矿过程运行优化控制软件。第 6 章研究面向运行优化控制方法研究的组态软件平台。第 7 章为面向工业应用的赤铁矿磨矿运行优化控制软件系统的研发与应用验证研究。第 8 章对全书工作进行总结，并针对本书尚未解决以及潜在研究问题进行概述。

第 2 章 赤铁矿磨矿过程及其运行优化控制问题

　　与国外先进的选矿厂不同,我国大多数选矿厂所处理的铁矿石都是品位较低、成分和性质不稳定的赤铁矿石,其生产运行状况和工况动态时变,难以建立过程数学建模,导致传统基于模型的优化与控制方法难以直接应用,需要利用所获得的实际生产数据与工艺知识来对其进行有效的优化与控制。本章从工艺流程、设备组成、动态特性方面对赤铁矿磨矿过程进行描述,在此基础上分析控制目标、控制现状以及存在的问题,对于后续章节进行的赤铁矿磨矿过程运行优化控制方法研究具有重要的意义。

2.1 赤铁矿磨矿过程描述

2.1.1 赤铁矿磨矿生产工艺描述

　　矿石中除含有本身有用的矿物外,还存在大量的不能利用的矿物集合体,其组成为脉石。通常自然界中的矿石不仅有用成分含量低,而且是与脉石复杂共生的,这给冶炼造成很大的困难。需要将矿石加以破碎,使有用矿物与脉石以及有用矿石间达到单体解离(所谓单体解离,就是有用矿物中不含有脉石,并且脉石中不含有用矿物),然后通过选别将有用矿物富集起来,无用的脉石抛弃,这样的工业过程,称为选矿工程或矿物处理工艺,简称选矿。其中磨矿过程是矿石入选前的重要工序,他不仅以解离矿物为第一目标,而且要使矿物在粒度上符合选别的要求。适当提高矿石的粒度能提高有用矿石的回收率与产量,但要避免矿物过磨,造成矿浆的泥化。

　　在磨矿过程中,物料并不是通过磨机一次性磨碎至合格粒度,而是尽可能多地将刚刚磨碎的符合选矿工艺要求的合格粒级细颗粒及时分离出去,这样就可以保证球磨机中的研磨介质完全作用在粗颗粒上,最大限度的合理利用能源,提高球磨机的磨矿效率,减少矿石过粉碎现象。由于磨矿机本身没有控制粒度的能力,为了将入磨矿浆中的合格粒级的矿粒在进入磨机前就分级出去,避免这部分的矿石过粉碎,以保证磨矿产品的粒度,磨矿机一般需要与分级机设备构成闭路磨矿过程,即阶段磨矿阶段选别过程。此外,在给矿粒度大、而工艺要求磨矿产品粒度较小时,通常采用二段或多段磨矿流程。

　　国外先进选矿厂处理的铁矿石大多品位高、嵌布粒度均匀、成分与性质稳定、给矿粒级较窄,因此普遍采用一段棒磨开路、二段球磨机-水利旋流器构成的闭路磨矿生产工艺(如图 2-1 所示)。原矿经过一段棒磨机的研磨作用后,进入水利旋流器进行分选。细粒级合格的矿粒随溢流矿浆从水利旋流器溢流口排出,作为磨矿产品矿浆送往选别工序;细粒级合格的矿粒随矿浆由水利旋流器底流口返回到二段球磨机,进行再磨,从而构成二段闭路磨矿。

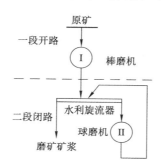

图 2-1　典型二段磨矿过程

　　我国铁矿石多为复杂难选的赤铁矿,其品位低、成分不稳定、硬度大、嵌布粒度细且分布不均匀,给矿粒级较宽。赤铁矿磨矿生产过程中,由于原矿石性质和成分频繁波动,一段开路磨矿的产品粒度变化较大,直接影响最终的磨矿产品质量。为此我国赤铁矿一段磨矿过程通常采用球磨机与螺旋分级组成的闭路磨矿生产工艺。本书即是以这一我国特有的赤铁矿一段磨矿过程为研究对象,集合实际数据,开展其运行优化控制方法研究。

　　赤铁矿一段磨矿过程如图 2-2 所示,其由球磨机、螺旋分级机、电振给矿机以及若干检测仪表与执行器组成。原矿石首先由矿仓通过电振给矿机落入给矿皮带,然后由皮带输送入球磨机进行研磨。为了使矿浆保持最佳的黏度与流动性,在球磨机入口加入一定量的水,以控制球磨机内部的矿浆浓度。经球磨机研磨后的矿浆从磨机出口排出后,沿着溜槽进入螺旋分级机的入口,由于球磨机排矿浓度较高,约在 80% 左右,而分级机正常工作条件下的分级浓度要求在 45%～55%,需要在分级机中加入一定量的补加水,使得矿浆颗粒能够自由沉降,粗粒级的矿石颗粒沉降速度较快,并随分级机金属螺旋叶片的旋转而被输送到分级机上部的溜槽,返回球磨机继续磨矿,这部分矿浆被称为返砂;而细粒级的矿浆颗粒则悬浮于螺旋分级机的沉降区上层,随着矿浆及补加水的不断加入而从溢流堰溢出,称为分级机溢流产品。随着分级机返砂返回到球磨机、溢流产品进入下一道细筛筛分流程而完成了螺旋分级机的分级作用。分级机溢流矿浆在细筛筛分工序进行处理后,筛分作业的粗颗粒矿浆进入下一矿石处理过程。

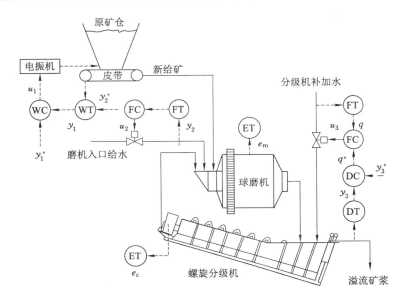

图 2-2 赤铁矿一段磨矿工艺流程图

r——矿浆粒度(%);y_1——磨机给矿量(t/h);y_2——磨机入口给水流量(m^3/h);

y_3——分级机溢流浓度(%);u_1——给矿机电振频率(Hz);u_2——磨机入口给水流量阀门开度(%);

u_3——分级机补加水阀门开度(%);q——分级机补加水量(m^3/h);e_m——磨机电流(A);

e_c——分级机电流(A);FT——流量计;DT——浓度计;ET——电流计;WT——称重仪;

DC——浓度控制器;FC——流量控制器;TD——变频器;WC——给矿量控制器;上标 *——期望值

2.1.2 赤铁矿磨矿设备描述

2.1.2.1 球磨机设备

球磨机是一种典型的研磨机械,同时具有混合作用,其机身呈圆筒状,内装球形研磨体和物料,适用于粉磨各种矿石及其他物料,被广泛用于选矿,建材及化工等行业。

球磨机根据不同的分类方法,可分为不同类型,如表 2-1 所示。在冶金选矿工业中,球磨机的主要规格是用圆筒的直径(未装衬板的内径 D)和长度 L 来表示的,根据筒体形状可分为短筒型球磨机、长筒型球磨机、管型球磨机。通常根据处理矿石及对产品粒度的要求来选择短筒型球磨机或长筒型球磨机,他们的构造除筒体长度不同外,其余参数均相同。此外根据排矿方式不同,球磨机可分溢流型和格子型两种。溢流型球磨机随着筒体的旋转和磨介的运动,矿石等物料破碎后逐渐向右方扩散,最后从右方的中空轴颈溢流而出,因而得名。格子型球磨机在排料端安设有格子板,由若干块扇形孔板组成,其上的箅孔宽度为 $7\sim20$ mm,矿石通过箅孔进入格子板与端盖之间的空间内,然后由举板将物料向上提升,物料延着举板滑落,再经过锥形块而向右至中空轴颈排出机外。

表 2-1　　　　　　　　　　　　球磨机类型

分类依据	因素名称		
排矿方式	溢流型球磨机	格子型球磨机	
筒体长度	短筒型球磨机 $L<D$	长筒型球磨机 $L>D$	管型球磨机 $L=(3\sim6)D$

典型的球磨机主机是筒体,筒体内镶有用耐磨材料制成的衬,有承载筒体并维系其旋转的轴承,如图 2-3 所示。此外还配置有驱动设备,如电动机、减速机、传动齿轮、皮带轮、三角带等。

球磨机工作时以一定的转速旋转,机内的外层钢球及矿石在重力、摩擦力、离心力的综合作用下,被提升到一定的高度后脱离筒体沿抛物线运动轨迹抛落而下,矿石在钢球的冲击作用下被粉碎;内层及矿石因回转半径较小,所受到离心力小,被提升的高度较低,以泻落方式下滑,矿石在钢球下滑过程中在滑动摩擦及滚动摩擦的作用下被磨细,矿石在球磨机中受上述冲击及磨剥作用被磨细,使有用矿物与脉石,有用矿物与有用矿物单体解离。钢球在球磨机中的主要运行状态如图 2-4 所示[147]。

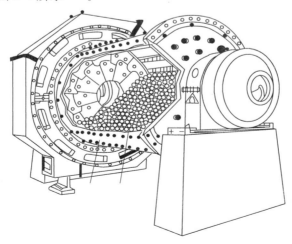

图 2-3　球磨机结构示意图

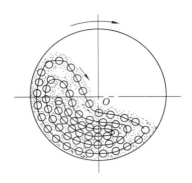

图 2-4　磨矿原理示意图

2.1.2.2　螺旋分级机设备

　　螺旋分级机属于机械分级设备,简称分级机,是磨矿作业的辅助设备,主要借助固体颗粒因比重不同而在液体中沉淀的速度存在差异的原理对物料进行分级。由于其结构简单、工作稳定、操作方便等特点,被广泛适用于我国赤铁矿选矿厂与球磨机配成闭路磨矿。

　　螺旋分级机分为单螺旋分级机和双螺旋分级机,再根据溢流端的螺旋叶片浸入溢流面深浅程序不同,可制成高堰式和沉没式二种。高堰式分级机:溢流端螺旋叶片的顶部高于溢流面,且溢流端螺旋中心低于溢流面。主要用于溢流粒度为 0.83～0.15 mm 的矿石分级;沉没式分级机:溢流端的螺旋叶片全部浸入溢流面以下,主要适用于溢流粒度为 0.15～0.07 mm 的矿石分级。上述螺旋分级机除螺旋个数及螺旋在矿浆中浸入深度不同外,基本构造、工作过程、工作原理均相同。

　　典型的螺旋分级机的结构如图 2-5 所示,分级槽 2 呈倾斜安置,倾角 α 一般

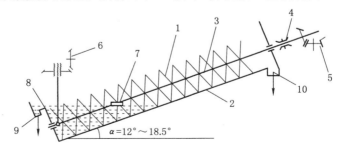

图 2-5　螺旋分级机结构示意图

1——螺旋片;2——分级槽;3——螺旋轴;4——轴承;5——传动装置;6——螺旋提升机构;

7——进料口;8——溢流堰;9——溢流排出口;10——沉沙排出口;α——安装倾角

为 $12°\sim18.5°$,槽的底部为半圆形。分级机工作时,矿浆从槽的中间部分进料口 7 给入。随着螺旋的低速旋转和连续不断地搅拌矿浆,使得大部分粒度细、密度小的颗粒悬浮于矿浆上层,随着补加水的加入从溢流堰 8 溢出,成为溢流产品;而粒度粗、密度大的颗粒则靠自身重力的作用沉降于槽底,成为沉砂,在螺旋 1 将其运至上端的沉砂排出口 10 排出机外,返回球磨机再磨,完成了分级过程。连续不断给入矿浆,则溢流与沉沙也就连续分别排出。

2.1.2.3　检测仪表

随着矿物加工过程自动化水平的不断提高,要实现生产过程中的自动控制,首先要解决的问题是实现对有关工艺参数的自动检测。选矿过程由于应用环境恶劣和影响因素多,对检测仪表有很高的要求,检测仪表能否适用是控制系统成败的关键。在本书所研究的赤铁矿磨矿过程需要测量的参数有流量、浓度和重量。

（1）流量检测

单位时间内通过管道截面流体的数量叫做流量（m^3/h）,流量是选矿过程中最重要的参数之一。赤铁矿磨矿过程的流量检测主要是针对磨机入口补加水和分级机溢流矿浆。当前,流量检测仪表种类非常多,包括差压式流量计、容积式流量计、椭圆齿轮流量计、腰轮流量计,电磁流量计以及涡轮流量计。由于赤铁矿磨矿过程的被测介质主要是水或矿浆这两种具有导电特性的液体介质,因此主要采用的是电磁流量计。电磁流量计的基本原理是法拉第电磁感应定律——导体在磁场中切割磁力线运动时在其两端产生感应电动势。

电磁流量计的优点是测量液体体积流量时,不受流体的温度、压力、密度和黏度的影响;缺点是当矿浆内沉淀物附着在测量管内壁或电极上,或管道结垢或磨损改变内径尺寸,将带来测量误差。

（2）浓度检测

矿浆浓度指矿物在矿浆总量中所占的百分数（%）,对磨矿粒度指标具有重要影响,是磨矿过程中需要测量、调节和控制的重要参数。超声波浓度计是直接进行矿浆浓度检测的主要测量仪表,但其价格昂贵,且由于自身电路的局限以及工业现场的环境干扰,精度有待提高。在目前的选矿工业中,浓度的检测大部分为放射性核密度计。对于由矿石和水两种介质组成的矿浆,测量了矿浆、矿石和水三者的密度,即可采用如下公式间接地测定介质的浓度。

$$C_{矿浆}=\frac{\rho_{干矿}(\rho_{矿浆}-\rho_{水})}{\rho_{矿浆}(\rho_{干矿}-\rho_{水})}\times100\% \tag{2-1}$$

其中,$\rho_{水}$ 为纯水的密度（1.0 g/ml）;$\rho_{干矿}$ 为干矿的密度;$\rho_{矿浆}$ 为放射性核密度计所测量出的矿浆的密度。

通过密度计进行浓度检测的缺点是：当矿石性质不稳定，波动较大时，由于无法实时标定干矿的密度，容易导致浓度检测存在偏差。

（3）重量检测

球磨机给矿量不仅决定了磨矿过程的处理量，还直接影响着磨矿粒度指标，因此必须对其进行有效的检测。实际磨矿生产中，通常矿石是由矿仓下料口通过皮带传输机送入球磨机，皮带秤是放置在传输皮带上对连续通过的矿石进行瞬间量和总量进行测量的装置，是最直接有效的检测给矿量的检测仪表。电子皮带秤通常包括计量托辊、称重传感器、测速传感器、称重仪表等。当矿石经过皮带秤时，计量托辊检测到皮带机上的物料重量并通过杠杆作用于称重传感器，称重传感器用于测量皮带上单位长度上的矿石重量 q_t(t/m)；测速传感器用于提供称重传感器工作期间皮带的移动速度 v_t(m/h)；称重仪表用于将两者相乘，计算出到皮带输送的瞬时给矿量 W_t(t/h)，并通过积分运算，即 $\int_0^t W_t \mathrm{d}t$ 求得一段时间内（$0 \sim t$）磨机总处理量。

在实际赤铁矿磨矿生产过程中，由于矿石大小不均匀，使得皮带料流不稳定，加上皮带的机械振动，容易导致皮带秤的矿石重量检测存在误差。

2.1.2.4　执行机构

执行机构是一种接收来自控制系统的控制信号，并对被控对象施加控制作用的装置，是控制系统正向通路中直接改变操纵变量的重要单元。执行器直接安装在生产现场，有时工作条件严苛，能否保持其正常工作直接影响自动控制系统的安全性和可靠性。在本书所研究的赤铁矿磨矿过程中，为实现其自动控制，配置了电振给矿机和电磁调节阀两类执行机构。

（1）电振给矿机

振动给料机是由给料槽体、激振器、弹簧支座、传动装置等组成。振动给料机是利用振动器中的偏心块旋转产生离心力，使筛厢、振动器等可动部分作强制的连续的圆或近似圆的运动。槽体振动给料的振动源是激振器，激振器是由两根偏心轴（主、被动）和齿轮副组成，由电动机通过三角带驱动主动轴，再由主动轴上齿轮啮合被动轴转动，主、被动轴同时反向旋转，使槽体振动，使物料连续不断流动，达到输送物料的目的。

（2）电动调节阀

电动调节阀根据自动控制信号来驱动供水管路阀门开度，以此来改变阀芯和阀座之间的截面积大小，从而实现控制加水流量的目的。调节阀的流量特性是指流体流过调节阀的相对流量与调节阀的相对开度之间的关系。理想流量特性包括快开特性、直线特性、抛物线特性以及对数特性。调节阀的阀芯的曲面形状直接决定了其所具有的理想流量特性,如图 2-6 和图 2-7 所示[148]。图中 l、L 分别表示阀某一开度及全开时推杆的位移量。

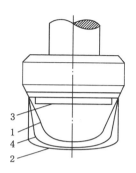

图 2-6 不同流量特性的阀芯曲面形状

1——直线特性;2——对数特性;3——快开特性;4——抛物线特性

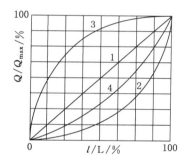

图 2-7 调节阀的理想流量特性

1——直线特性;2——对数特性;3——快开特性;4——抛物线特性

　　理想流量特性是在假定调节阀两端压差不变的情况下得到的,而实际上,在不同流量下管路关系的阻力不一样,因此调节阀两端压差总是变化的,导致图中的四种特性在实际工作中会相互转变,形成工作流量特性。如当管道阻力损失为零时,理想对数流量特性将畸变为直线特性。工作流量特性不仅取决于阀本身的结构参数,也与配管情况有关。由于磨矿送水管路主要的干扰是压力和流量的设定值,根据经验法[148]可选用直线或对数工作流量特性的电动调节阀作为磨矿送水管路的执行机构。

2.2　赤铁矿磨矿过程运行控制目标与过程特性分析

2.2.1　赤铁矿磨矿过程运行控制目标

在实际选矿厂中,为提高选别作业的精矿品位和有用矿物的回收率,减少有用矿物的金属流失,要求磨矿产品不仅要实现有用矿物的单体解离度,同时还要降低有用矿物的过粉碎。通常,矿粒被磨得越小,就认为矿物的单体解离度也就越高,因此矿石粒度(或矿石大小,一般用直径来度量)成为矿物的单体解离度的评价指标。矿石粒度过小,矿物不能达到单体解离,难以分选;磨矿粒度过大,容易使已单体解离的有用矿物过粉碎,难以回收,增加能耗。由于每一种矿石其组成成分、嵌布粒度的不同,实现有用矿石和脉石单体解离所需要的矿石粒度也不同。但对于任何一种矿石,选别作业均希望过粗的粒度要少,微细粒度也要少,而中间易选粒级要多,即矿石粒度较均匀,因此采用磨矿粒度 r 作为评价磨矿产品质量的重要工艺指标。所谓磨矿粒度,是指矿石产物中小于某粒度的矿石在该产物的百分含量[149-150]。在实际的生产过程中,通常采用泰勒标准筛筛分的办法,以负 200 目百分含量(％,－200 目)来表示磨矿粒度。目数即为一平方英寸的面积内筛孔的数目,目数越高,筛孔越细、粒级越小。200 目筛孔的尺寸为 0.074 mm,"－200 目"百分含量即表示筛下矿物颗粒直径小于 0.074 mm 的累计百分含量(％,<74 μm)。

磨矿粒度与选矿精矿品位和金属回收率的关系如图 2-8 所示,由图可以看出,随着磨矿粒度的增加,精矿品位明显上升,而回收率基本呈下降趋势。因此要同时获得较高的精矿品位和金属回收率,必须将磨矿粒度控制在一定的范围内 $[r_{\min}, r_{\max}]$,并尽可能接近最佳值 r^*,如图 2-8 所示。

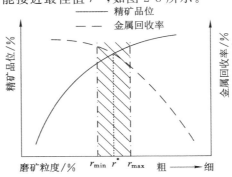

图 2-8　磨矿粒度与精矿品位与金属回收率的关系

　　磨矿过程不仅直接影响了选矿厂的铁精矿品位和金属回收率,而且还决定着选矿厂的生产能力。实际上,选矿厂的生产能力主要取决于磨机处理量和作业率。磨机处理量为在一定的给矿粒度和产品粒度条件下,磨机在单位时间内所处理的原矿数量;磨机作业率是指磨机实际工作小时数占同期日历小时数的百分比,即

$$\text{磨机作业率} = \frac{\text{磨机实际工作小时数}}{\text{同期日历小时数}} \times 100\% \tag{2-2}$$

　　磨机作业率描述了磨矿设备的时间利用率,与磨机处理量共同作为评价磨矿作业工作水平的重要工艺指标。在实际磨矿系统运行中,磨机负荷(即磨机内部钢球负荷)、矿石负荷以及水量的总和[151]是磨机运行状态的综合表现,一定程度上可反映出磨机处理量与作业率[152],如图 2-9 所示。

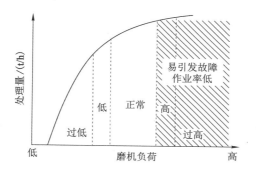

图 2-9　磨机负荷与处理量和作业率的关系

　　由于磨机普遍采用按时补球以及定量给矿、配比给水的制度,在矿石性质以及其他操作条件不变的情况下,磨机负荷直接反映了磨机的处理量。因此磨机负荷的提高可有效地提高磨矿产量,但如果磨机负荷过高(磨机过负荷),磨机内将堆积过多的待磨矿物,不能及时排除而使磨机失去研磨能力,不仅使磨矿粒度变粗,同时电耗增加,而且还会导致磨机发生“涨肚”等事故,对于溢流型球磨机可能产生吐球,从而损坏设备,导致生产停滞,从而降低作业率。此外,如果磨机的负荷较低(磨机欠负荷),不仅处理量不能满足生产要求,还会由于磨机内矿石量过少,磨机空砸,大量钢球直接与磨机衬板碰撞,造成磨机衬板的损坏,导致停产,降低作业率。赤铁矿磨矿生产过程中,由于矿石性质不稳定,使得给矿粒度和可磨性频繁变化,此时,如果操作员无法及时调整磨矿工作条件,易导致磨机偏离最佳负荷运行,引发磨机过负荷或欠负荷异常工况。

　　因此,赤铁矿磨矿过程运行控制的目标:

① $|r(k) - r^*| \leqslant \varepsilon$

$$r_{\min} \leqslant r(k) \leqslant r_{\max}$$

② 当原矿粒度和可磨性频繁波动时,及时调节磨矿工作条件使磨矿远离磨机负荷异常工况运行。

2.2.2 赤铁矿磨矿过程特性分析

2.2.2.1 磨矿粒度特性分析

在赤铁矿磨矿过程中,含有大量粗矿粒的矿浆首先经磨机的研磨作用后以一定的排矿粒度 $r_m(k)$ 进入分级机,继而由分级机选出满足磨矿粒度 $r(k)$ 要求的矿浆。整个磨矿过程影响因素多,其中许多因素又彼此相互作用、互相制约[153]。具体来说,影响赤铁矿磨矿粒度的主要包括矿石性质 $\boldsymbol{B}$,磨机与分级机设备参数 Φ、磨机给矿量 $y_1(k)$、磨机入口给水流量 $y_2(k)$ 和分级机溢流浓度 $y_3(k)$。因此磨矿粒度可表示为:

$$r(k+1) = f(r(k), y_1(k), y_2(k), y_3(k), \boldsymbol{B}, \Phi) \tag{2-3}$$

其中 f 为未知的非线性函数。

磨机与分级机设备参数 Φ 包括:Φ_1(包括磨机的直径、长度、衬板类型、转速、钢球量等)和 Φ_2(包括分级机的倾角、金属旋片直径和转速等)。设备参数 Φ 不同,则生产效率不同,且随着磨矿生产运行,设备会受到不同程度的磨损。由于钢球承担着主要的研磨任务,其磨损最为严重,但随着自动加料机制与设备的投入,可基本认为在磨机运行中钢球量不发生变化。因此,对于特定的磨矿过程,设备结构参数 Ω 相对固定,可忽略其对赤铁矿磨矿粒度的影响。在实际生产中,赤铁矿磨矿粒度的好坏主要取决于所处理的矿石性质 $\boldsymbol{B}$、磨机给矿量 $y_1(k)$、磨机入口给水流量 $y_2(k)$、分级机溢流浓度 $y_3(k)$。

$$r(k+1) = f(r(k), y_1(k), y_2(k), y_3(k), \boldsymbol{B}) \tag{2-4}$$

这些因素对磨矿粒度的影响具体如下:

(1) 矿石性质 $\boldsymbol{B}$ 对磨矿粒度 r 的影响

影响磨矿粒度的矿石性质 $\boldsymbol{B}$ 主要包括矿石粒度 B_1 和可磨性 B_2。矿石粒度 B_1 表示原矿中所有矿粒大小的总体分布,如果原矿中粗粒级或细粒级的矿粒较多,则相应地增加或减少有用功才能获得期望的磨矿粒度,在输入的有用功不变的情况下,延长或缩短磨矿时间是最直接也是最有效的方法。但在磨机给矿量 $y_1(k)$、入口给水流量 $y_2(k)$ 和分级机溢流浓度 $y_3(k)$ 不变的情况下,矿石在磨机中研磨的时间也不发生变化,从而使得磨矿粒度 r 与矿石粒度 B_1 成正相关的变化趋势,即矿石粒度 B_1 粗则磨矿粒度 r 粗,矿石粒度 B_1 细则磨矿粒度 r 细。

矿石可磨性 B_2 是衡量某一种矿石在常规磨矿条件下抵抗外力作用被磨碎

的能力的特定指标,由矿石的硬度和韧性共同决定。矿石硬度大则难磨,反之则易磨。同时矿石韧性大,钢球对矿粒的冲击破碎作用将减弱,也不易磨碎。由于可磨性 B_2 好的矿石,研磨到期望磨矿粒度 r 所需的磨碎功耗小,而可磨性 B_2 差的矿石功耗大,因此常采用邦德(Bond)功指数[154]来衡量矿石的可磨性,即

$$W_I = W / \left(\frac{10}{\sqrt{P}} - \frac{10}{\sqrt{F}} \right) \tag{2-5}$$

其中,$P(\mu m)$ 和 $F(\mu m)$ 分别为给矿和磨矿产品中,按 80% 矿粒通过筛孔的尺寸;$W(kW \cdot h/t)$ 为磨碎功耗;W_I 即为邦德功指数。从上式可以看出,矿石从一定的给矿粒度研磨到期望磨矿粒度,如果功耗 W 越大,则邦德功指数 W_I 越高,那么该矿石可磨性 B_2 越差,反之则越好。那么当给矿粒度 B_1 不变,即 P 不变时,对于相同的功耗 W,矿石的邦德功指数 W_I 不同,则 F 不同,即磨矿粒度 r 不同。

(2) 磨机给矿量 y_1 对磨矿粒度 r 的影响

磨机给矿量 y_1 是决定磨矿处理量的关键操作参数,在实际生产中,在磨矿粒度合格的前提下,通常希望磨机给矿量 y_1 越高越好。但在矿石性质以及磨矿浓度和分级机浓度等操作参数不变的情况下,增加磨机给矿量 y_1 将使磨机内待磨矿物增多,这导致矿粒与钢球碰撞并破裂的几率降低。由粉磨动力学方程[153],即

$$R(t) = R_0 \exp(-kt^n) \tag{2-6}$$

可知,由于 k 是与矿粒破裂几率相关的参数,n 是与矿石性质相关的参数,因此对于粗粒级 $R_0(t)(\%)$ 一定的矿石,如果破裂几率越低则 k 越小,而研磨时间 t 不变,则从磨机出口排出的粒度 r_m 将随粗粒级含量 $R(t)(\%)$ 的增加而变粗。此时,由于磨机排矿矿浆中粗级别颗粒的增多,分级机返砂量也随之增多,导致进入磨机的矿浆总量增加,加快了矿浆在磨机内的流动速度,从而减少了矿物的研磨时间 t。由粉磨动力学方程可知,t 越小则磨后产物中的粗粒级含量 $R(t)$ 越多,从而进一步导致磨机排矿粒度 r_m 跑粗,最终反映到分级机溢流粒度即磨矿粒度 r 中,使得 r 变粗。相反,在矿石性质和其他操作参数不变的情况下,如果磨机给矿量 y_1 减少,则磨机排矿矿浆中的粗粒级含量的 $R(t)$ 减小,磨机排矿粒度 r_m 变细。

从功率的角度看,由于磨机功率与负荷存在如图 2-10 所示的关系[158]。在介质一定的情况下,如果磨机入口加水流量 y_2 以及分级机返砂量不变,装载量只与磨机给矿量 y_1 相关。因此改变磨机给矿量 y_1 则将影响磨机有用功率,从而改变(2-4)中的磨破功耗 W,当给矿性质不变,即 W_I 和 P 不变时,F 将发生

变化,即磨机排矿粒度 r_m 发生变化,最终导致磨矿粒度 r 变化。

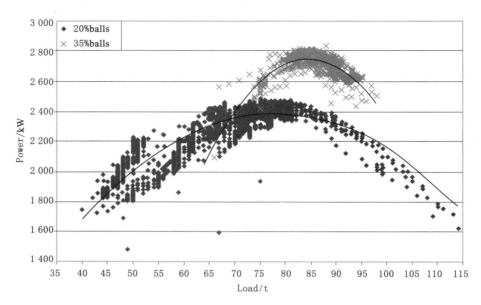

图 2-10　实际运行数据绘制的磨机功率与负荷关系曲线

(3)磨机入口给水流量 y_2 对磨矿粒度 r 的影响

磨矿过程是由矿物的破裂和物料的运输两个相互制约的子过程组合而成的,磨矿浓度是同时影响这两个过程的参数。磨矿浓度是指正常工作时磨矿机中矿浆的浓度,通常,磨机的排矿浓度就是它的磨矿浓度。在磨机给矿量和分级机返砂量一定的前提下,磨矿浓度主要通过磨机入口给水流量 y_2 来调节。磨矿浓度应该有一个适宜的范围,过大过小均不好[156]。

磨矿浓度决定了矿浆黏度,从而决定了矿粒在钢球周围的黏着程度和矿浆的流动性,如图 2-11 所示[157]。磨矿浓度较低时,钢球在矿浆中的有效密度较大,下落时冲击力较强,但矿浆黏度较低,黏着在钢球表面上的矿粒较少,使钢球对物料的冲击和研磨作用弱,且矿浆流动快,磨矿时间 t 少。根据粉磨动力学方程(2-5)可知,磨矿粒度容易变粗;矿浆太稀时,在溢流型球磨机中细矿粒也容易沉下,产生矿粒整体跑粗部分过粉碎的现象;磨矿浓度高时,物料在钢球周围的黏着程度好,钢球对物料的冲击和研磨作用均较好,矿浆流动相对缓慢,有充足的时间进行研磨;但磨矿浓度过高时,黏度太大使粒度合格的矿粒不能及时排出,易造成矿物过粉碎,同时也不利于提高磨机处理量。

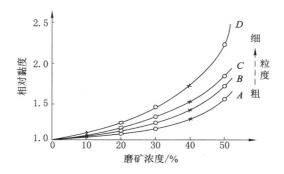

图 2-11　不同矿浆粒度下的磨矿浓度与相对黏度的关系

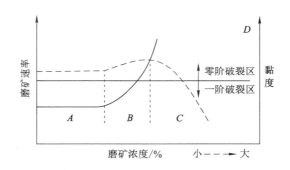

图 2-12　批次磨矿试验下的磨矿速率与磨矿浓度关系

　　Klimpel 通过大量批次磨矿试验得出了关于磨矿速率和磨矿浓度关系,如图 2-12 所示[157]。图中,A 区磨矿浓度较低,黏度也较小,磨矿速率不随浓度变化而变化,此时磨矿速率较快,实测磨矿速率呈一阶函数,但黏着在介质周围的矿粒较少,矿粒受研磨的效率降低。在 B 区,磨矿浓度增大,黏度相对提高,钢球与矿物的有效比重降低,钢球周围黏着的矿粒增多,实测磨矿速率也呈一阶函数,但较低黏度时的磨矿速率快,磨矿效率提高,磨机产量也较高。C 区为高黏度区,磨矿介质的冲击作用减弱,磨矿速率进入零阶破碎区,磨机产量会下降,同时由于矿浆黏度过大,将产生过细颗粒[158]。

　　因此,通过调节磨机入口给水流量 y_2 来保持最佳的磨矿浓度,对磨矿粒度和磨矿生产效率都至关重要。对于给矿粒度较细的矿物,应适当增大磨机入口给水流量 y_2,减小磨矿浓度,从而降低黏度,以获得最佳研磨环境。

　　(4) 分级机溢流浓度 y_3 对磨矿粒度 r 的影响

　　由重力选矿原理[159]可知,分级机是按不同粒级矿粒在流体中沉降速率的差异而进行分级的。由于矿浆黏度是干涉沉降速率的主要因素,因此决定矿浆黏度的溢流浓度 y_3 是影响磨矿粒度 r 的关键过程变量,如图 2-13 所示。对于恒定排矿粒度 r_m 的矿浆,溢流浓度较低时,对矿浆的干涉沉降作用不明显,分级效率低。溢流浓度 y_3 的增加,干涉沉降作用逐渐加强,矿粒的沉降速度变慢,但由于粗矿粒的沉降速度大于细矿粒,因此大部分粗矿粒沉于分级机底部,而细矿粒随溢流矿浆排出,此时分级效率最高,磨矿粒度 r 最好。如果溢流浓度 y_3 在达到临界点后继续增加,磨矿粒度 r 反而下降,这是因为过大的浓度带来较大的矿浆黏度,使矿粒在矿浆中移动缓慢,部分较粗颗粒来不及沉降而进入到分级机溢流中,使得溢流粒度变粗,从而降低磨矿粒度 r。

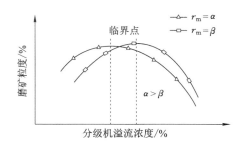

图 2-13   溢流浓度与磨矿粒度间的关系

此外,从图 2-13 中可以看出,不同的排矿粒度 r_m,其溢流浓度的临界点也不同。实际生产中,通常为了保证生产效率,分级机溢流浓度 y_3 常常控制在临界点的右侧,从而可增加或减少 y_3 来获得期望的磨矿粒度 r。

通过上述分析可以看出,磨矿粒度 r 受矿石性质 B、磨机给矿量 y_1、磨机入口给水流量 y_2 和分级机溢流浓度 y_3 的影响复杂,呈强非线性特点,由非线性函数 f 表示。但到目前为止,对磨矿过程运行机理的研究还非常不够,所建立的动力学模型以及实验确定的变量间关系曲线只能用于定性分析,而难以对 (2-4) 中的非线性函数 f 进行精确的数学描述。

2.2.2.2   磨机负荷特性分析

磨机负荷是与磨机处理能力密切相关的运行指标。对于每一个磨机,在转速、钢球量等设备参数一定的情况下,均存在最大的处理能力,且由矿石的性质决定。通常矿石难磨、可磨性差,磨机的最大处理能力下降;矿石易磨、可磨性好,磨机的最大处理能提高,如图 2-14 所示。在系统运行中,如果入磨矿浆量即新给矿量 y_1、磨机入口加水 y_2 和分级机返砂的总量大于磨机的最大处理能力,则不仅磨矿效率大大降低,还可能导致磨机吐球,损坏设备造成停磨,本书将这一磨机运行工况称作磨机过负荷工况。如果入磨矿浆量小于磨机的最大处理能力,则不仅磨机没有达到有效的利用,还可能导致钢球空砸,损坏磨机衬板,本书将这一工况称作磨机欠负荷工况。磨机欠负荷与过负荷统称为磨机负荷异常工况。

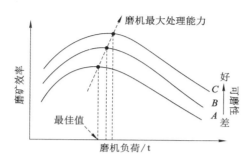

图 2-14　不同矿石可磨性下的磨机负荷

　　上述表明导致磨机负荷异常工况的因素主要包括:设备参数 Φ、矿石性质 B、新给矿量 y_1、磨机入口加水流量 y_2、分级机返砂量。由于设备结构参数 Φ 在相当长的一段运行时间内相对固定,而分级机返砂量可通过分级机溢流浓度 y_3 调节,因此磨机负荷的变化主要受矿石性质 B、磨机给矿量 y_1、磨机入口加水流量 y_2 以及分级机溢流浓度 y_3 的影响。

　　具体来说,如果磨机给矿量 y_1 过大、矿石可磨性 B_1 变差或给矿粒度 B_2 变粗,易导致矿石处理量超越磨机的最大通过能力,使消化不了,造成磨机过负荷异常工况;如果磨机入口加水流量 y_2 不足,磨矿浓度增大到一定程度,矿浆在磨机中的流动性差,排矿不畅,矿物愈积愈多,也将造成磨机"涨肚"的过负荷异常工况。此外,如果当前磨机粒度过粗,只通过调节分级机溢流浓度 y_3 来获得较细的磨机粒度,那么较多的粗矿粒会返回到磨机中,同样会导致磨机过负荷异常工况的发生。对于磨机欠负荷工况,各种影响因素情况与上述相反。

2.3　赤铁矿磨矿过程运行控制难点分析

　　由于磨矿运行指标与磨机给矿量 y_1,磨机入口加水流量 y_2 以及分级机溢流浓度 y_3 密切相关,因此长期以来,磨矿过程控制集中在研究如何改善上述关键过程变量的基础回路控制性能上。目前 PID 控制[160]、多变量解耦控制[161]、预测控制[162]以及模糊控制[163]等已被成功用于磨矿过程的回路控制。然而这些方法假设控制回路设定值已知,如果控制回路设定值不合适,即使回路控制性能良好也无法实现反映系统磨矿整体性能的运行指标的优化控制。因此,近年来以系统整体运行最优化为目标的工业运行优化与控制技术受到选矿工业的广泛关注,并逐渐应用到一些矿石性质好、生产相对稳定的磨矿过程以实现运行指标的优化控制[164]。

然而,对于赤铁矿磨矿过程其运行控制的实现具有更高的难度与挑战性,这是因为赤铁矿磨矿过程具有典型的多变量强耦合、强非线性特征,且运行指标难以在线检测,并受原矿粒度和可磨性不可测随机干扰影响,难以建立数学模型,因此已有的磨矿过程运行优化与控制方法难以直接使用。具体来说,其复杂特性如下:

(1)多变量强耦合

赤铁矿磨矿过程是一个复杂的多变量动态系统,运行指标受多过程控制变量以及多干扰因素的影响,且各个参数之间均存在强烈的耦合和交互作用,如磨机给矿量在用于调节磨矿粒度的同时,也改变了磨矿浓度、分级机溢流浓度以及磨机负荷,这将对磨矿生产安全与生产率产生一定影响。在分级机溢流浓度 y_3 变化时,不仅直接改变溢流矿浆的磨矿粒度,同时分级机返砂也会发生变化,从而改变磨矿浓度和入磨的矿石粒度,最终影响到磨机负荷。

(2)强非线性、难以建立精确数学模型

赤铁矿磨矿过程运行的影响因素众多,各个参量之间基本呈现非线性动态关系,如磨矿粒度与分级机溢流浓度、磨矿粒度与磨机给矿量和入口给水量、磨矿粒度与矿石可磨性和粒度之间均表现出明显的强非线性动态关系。但由于磨矿运行过程复杂,机理不清,难以建立其精确的数学模型,只能通过实验的方法定性分析出某一影响因素变化对运行指标的影响。

(3)运行指标难以在线检测

由于赤铁矿品位低、嵌布粒度细、粒级分布较宽的特点,当采用国外先进粒度分析仪[165]时,需要不断调整工作参数以适应矿石性质的变化,维护量大,企业难以接受。此外,赤铁矿中部分具有强磁性的 Fe_3O_4,在磁性环境中的磁化作用造成矿浆颗粒相互间吸引,导致矿浆颗粒发生"磁团聚"现象[166],使得磨矿粒度难以在线准确测量。在实际磨矿生产过程中,赤铁矿磨矿粒度主要采用实验室离线化验的方式。此外,由于磨机体积庞大且高速旋转,因而难以安装常规仪表对磨机负荷进行直接检测。

(4)矿石性质频繁变化且无法在线检测

对于实际的赤铁矿磨矿过程来说,由于采矿场地不同、围岩的多少、没有"均一化"堆取等原因造成入磨矿石性质经常发生变化。但矿石粒度 B_1 和可磨性 B_2 主要采用实验测定的方法,如矿石可磨性 B_2 标定所用的邦德功指数,其就是通过测量矿石磨矿前后的粒度变化,并根据所消耗的有用功来计算的。因此控制系统对矿石性质变化的感知要远远滞后于生产,从而无法通过直接观测这一随机干扰来对其实施有效的抑制。

2.4　赤铁矿磨矿过程运行控制现状与存在的问题

2.4.1　赤铁矿磨矿过程运行控制现状

由于赤铁矿磨矿运行过程与磨机给矿量、磨机入口给水流量以及分级机溢流浓度密切相关,当前,我国大多数赤铁矿选矿厂均采用 DCS 系统,实现了磨机给矿量、磨机入口给水流量以及分级机溢流浓度基础回路的自动控制,一定程度上保证了生产的连续与稳定,对磨矿产品质量与生产效率的提高起到了促进作用。

然而,赤铁矿磨矿运行过程特性复杂,影响因素众多,且相互干扰、制约,到目前为止,对磨矿过程的运行机理、最优运行操作条件等方面的研究还非常不够,满足不了现代磨矿生产对产品质量与生产效率的需求。此外,由于在线磨矿粒度分析仪过于昂贵、保养维护量大,且受赤铁矿"磁团聚"特性的影响,导致精度常常无法保证,因此,对于磨矿粒度的检测,目前国内大部分赤铁矿选矿厂仍然依赖实验室人工化验的方法获得。但是人工化验时间较长,通常在 2 小时左右,使得对磨矿粒度的控制无法采用现有的闭环优化与控制方法。实际生产过程在磨机给矿量、磨机入口加水流量以及分级机溢流浓度控制回路的基础上,仍采用人工给定设定值的控制方式,如图 2-15 所示。

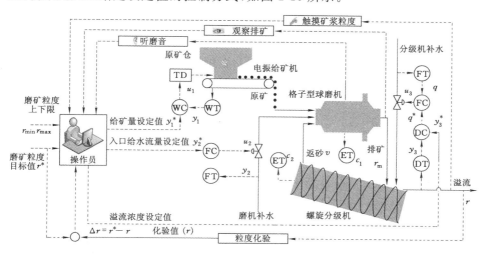

图 2-15　赤铁矿磨矿过程人工控制方式

通常操作员根据矿浆粒度化验值 $r(T)$ 与工艺规定的目标值 r^* 及上下限 (r_{min},r_{max}),并通过观察磨机出口排矿、分级机溢流矿浆,凭借经验调整控制回路的设定值。如果化验的矿浆粒度过细,主要调节磨机给矿量与磨机入口给水量,通过增加磨机处理量从而使矿浆粒度降低。当矿浆粒度过粗时,则首先相应降低分级机溢流浓度,然后减少给矿量与磨机入口给水量。然而,磨矿粒度的实验室人工化验属于离线检测方式,化验时间长。在化验期间,操作员需要不定时地观察矿浆的颜色,并直接用手触摸矿浆来估计矿浆粒度,从而调整磨机给矿量、入口给水流量以及分级机溢流浓度的回路设定值。

此外,由于难以对磨机负荷进行直接检测,为了及时发现和处理磨机负荷异常工况,操作员一般是通过听球磨机发出的声音或观察磨机电流及其变化率,凭借经验判断磨机负荷情况,从而进行人工调节。

2.4.2 现有控制方式存在的主要问题

(1)现有控制方法无法获得满足要求的回路设定值

通过前述分析可知,赤铁矿磨矿过程中生产边界条件的变化会导致磨矿粒度变化,他们之间的关系复杂,难以精确描述。由于赤铁矿原矿可磨性 B_1、原矿粒度 B_2 频繁大范围变化,这些影响因素具有多变性与随机性,大大增加了人工给定回路设定值的难度,导致操作员很难给出合适的回路设定值,也不能在磨矿过程中根据生产运行状态对回路设定值进行及时准确地在线调整,用以消除矿石性质波动对磨矿粒度的影响。因此,不仅经常会导致磨矿粒度超出其目标值范围,而且还容易使磨机运行在负荷异常工况。例如,当原矿可磨性 B_2 变差时,系统最优运行工作点将发生偏移。然而操作员无法获知这一变化,其只能在过程运行一段时间后,发现磨矿粒度下降,通常经验少的操作人员只会调整分级机溢流浓度的设定值,在一定范围内降低分级机溢流浓度的设定值,不会去考虑是否应该继续调整磨机给矿量与入口给水流量的设定值,无法使得磨矿过程能够在新的工作点更快适应新工况的变化,合理调整磨机负荷,预防因矿石性质的变化造成磨机通过量的增加,避免发生磨机"过负荷"工况。有经验的操作员虽然对磨机给矿量、磨机入口给水流量与分级机溢流浓度的回路设定值同时进行调节,但由于无法准确感知边界条件的变化,所给出的调节量也往往不能满足过程最优运行的要求。

(2)磨矿过程中的磨机负荷的异常工况难以及时发现和处理

由于人的主观性和随意性,操作员往往不能及时对当前的磨矿工况进行全面的了解和判断,加上人对磨机负荷感知存在滞后性,常常使得磨机负荷状态得不到及时准确的判断与处理,进而引起设备的损坏,严重时造成整个磨矿过程的停产,从而降低了磨机作业率。例如,当矿石硬度增大时,表征矿石的可磨性变差,如果操作人员没有及时发现,仍维持磨机给矿量、磨机入口加水量流量、分级机溢流浓度等工艺参数的设定值不发生改变,那么磨机内部的矿浆存留量将随着原矿得不到有效磨碎而逐渐增多,并且随着磨机排矿矿浆颗粒的变粗,相应的螺旋分级机的溢流粒度指标也会降低,并且随着分级机返砂量的增加,又会继续增加磨机内部的矿浆通过量,一旦超过了磨机运行的最大通过量,则有可能发生球磨机"涨肚"现象,此时磨机有功功率将显著下降,磨机进入到"过负荷"状态,如果得不到有效控制,严重时甚至导致磨机发生"堵磨"事故,造成整个磨矿生产过程的停滞。

（3）缺少实现运行优化与控制方法的软件平台

现有赤铁矿磨矿过程充分利用 DCS 的分散控制、集中操作、配置灵活、算法组态方便的特点,实现了基础回路的稳定跟踪控制。然而,由于赤铁矿磨矿过程运行的复杂多变,运行优化与控制方法通常需要将多复杂算法相结合,过程数据与专家知识相结合,但受 DCS 自身运算能力和编程方式的限制,其很难在 DCS 系统上编程实现。为解决这一问题,最常见采用 PC 作为回路设定控制系统的硬件平台,通过安装运行优化与控制软件,利用工业以太网来实现回路设定值的调整。但由于我国的赤铁矿矿石性质、磨矿和分级设备、生产流程等均与国外选矿企业不尽相同,国外专有的选矿控制软件难以直接应用到我国赤铁矿磨矿过程。此外,到目前为止,国内外均没有一个可以实现运行优化与控制方法的软件平台,因此赤铁矿磨矿过程的运行优化与控制软件只能针对某一具体的实际生产工艺来开发。但由于编程人员水平存在差异,使用的编程语言也不尽相同,多以 case-by-case 模式进行开发。所开发的系统往往功能单一,且算法封闭,当其应用到一个新的工艺过程时,无法根据实际情况对其内在封装的算法修改或替换,只能重新开发,这不仅需要控制工程师具备运行优化与控制算法的知识,还应掌握一定的软件与计算机技术,这大大增加了项目实施的难度与开发时间,阻碍了运行优化与控制方法在赤铁矿磨矿运行过程中的应用。

2.5　本章小结

本章首先介绍了赤铁矿磨矿工艺和主要设备组成,详细描述了赤铁矿磨矿过程的运行控制目标与过程特性。然后,在此基础上分析了赤铁矿磨矿过程运行控制的难点。最后,讨论了赤铁矿磨矿过程的控制现状以及存在的问题。上述分析对于开展赤铁矿磨矿过程运行优化控制方法与软件实现技术具有重要意义。

第3章　赤铁矿磨矿粒度软测量方法

3.1　软测量方法结构

　　为实现赤铁矿磨矿粒度的闭环优化控制,需要赤铁矿磨矿粒度的实际值。然而,由于赤铁矿矿石性质不稳定,矿浆颗粒存在磁团聚现象,难以采用在线粒度检测仪表实现磨矿粒度指标的准确测量,只能靠实验室人工化验的方法获得,无法满足磨矿粒度闭环优化控制的要求,为此需要建立磨矿粒度的软测量模型。传统机理建模方法需要忽略或假设一些重要的物理化学变化,从而引入较大建模误差。而数据驱动的建模方法是一种黑箱建模方法,由于无法有效利用已有的先验知识,难以确定合适的模型结构和模型参数,从而无法保证模型精度。为此,可将机理建模和数据建模方法相结合,建立由磨矿粒度主模型和误差补偿模型组成的赤铁矿磨矿粒度软测量模型,模型结构如图 3-1 所示。

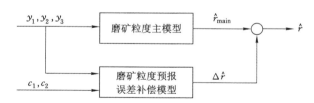

图 3-1　磨矿粒度软测量算法结构

　　其中,磨矿粒度主模型首先根据物料平衡建立磨矿粒度的过程模型,并通过分析模型参数灵敏性来确定模型参数对模型精度的重要性,然后采用 Prey-Predator 优化方法对重要的模型参数进行优化,最终获得磨矿粒度主模型输出 $\hat{r}_{main}$。数据驱动的误差补偿模型采用一种在线鲁棒随机权神经网络,利用数据补偿主模型的 $\Delta\hat{r}$。$\Delta\hat{r}$ 和 $\hat{r}_{main}$ 之和即为赤铁矿磨矿粒度软测量模型输出 $\hat{r}$。

3.2　基于物料平衡的赤铁矿磨矿粒度主模型

3.2.1　磨矿粒度主模型

赤铁矿磨矿过程是个典型的由多个生产设备(或过程)有机连接而成的复杂工业过程,矿浆中粒度的改变分布在各个生产设备中,因此对磨矿粒度的建模通常是首先分别建立磨矿粒度在各个生产设备中的动态模型,然后再按照物流关系将这些模型集成为一个整体的磨矿粒度模型。本书所研究的赤铁矿磨矿过程主要涉及球磨机与螺旋分级机,因此可通过分别建立球磨机与螺旋分级机的粒度分布模型来实现磨矿粒度的主模型。

(1)球磨机模型

在球磨机粉磨过程中,典型的变化是矿石物料颗粒在复杂外力因素作用下粒度变细的过程。长期以来,对球磨机运行过程进行准确的数学描述,一直是广大科研人员和工业工程师期待解决的课题。随着人们对粉磨过程认识的逐渐深入和计算机技术的进步,描述这一过程以及伴随该过程各参变量关系的数学模型不断的演化发展。从 20 世纪五、六十年代发展到今天,球磨机模型主要包括基于磨机功耗理论的模型,矩阵模型、动力学模型和物料平衡模型。

① 基于磨机功耗理论的模型:基本思想是矿物粒度的减少与球磨机运行是与消耗的能量直接相关。Bittinger、Kirpichev 和 Bond 分别从破裂所产生的表面积、体积以及裂缝长度与耗能的关系建立了粉磨模型[153]。在此基础上,Charles 提出了更具一般性的物料粉碎所需能量与粒度关系模型[167]。但基于功耗的方法具有很大的局限性,把能量输入视为粉磨过程的函数是非常复杂的。而且,由于球磨机必须克服介质的重力、摩擦力等将介质提升到一定高度,在介质下落时才能将能量转化为动能作用在物料上,因此,供给球磨机的能量并不全部消耗在颗粒的破碎上,由于热能、声能、动能、势能以及磨机本身的一些不可估计的能量损失,使得难以计算真正用于物料破碎的净能量值,因此可以认为,能量与粒度减小的关系式一般不适合用来确定粒度减小过程。

② 矩阵模型:Epstein 于 1948 年首先从统计观点确定了选择函数和破裂函数的概念,并建立了相应的微分-积分方程[168],以后众多学者对其进行了改进[169-173],基本建模思想是将破碎过程看作是连续发生的或间断发生的破碎事件,每一次破碎事件的产品就是下一次破碎事件的给料,每个破碎事件的产品粒度分布由破裂函数矩阵 **D** 表示。在这些破碎事件中,物料颗粒是否被选择破

碎存在一定的概率,则各粒级中被选择破碎的量占该粒级物料总量的百分比称为选择函数,用 S 表示。如果给料粒度分布用 F 表示,则 DSF 表示被破碎的物料的粒度分布,而 $(I-D)F$ 即为给料中未被破碎的物料的粒度分布,二者之和,即 $DSF+(I-S)F$ 为总产品的粒度分布,其中 I 为单位矩阵。矩阵模型认为磨机排矿粒度分布是给料粒度分布的线性组合,其中破裂函数和选择函数这两个概念成为了后来其他模型的研究基础。DS 模型为了分析粉磨过程,引入了大量难以准确测定的破裂分布函数和选择函数,虽然在数学上达到了比较完善的程度,但由于缺少磨机操作工艺参数,使得模型的应用受到了限制。

③ 动力学模型:是基于粉磨速度,即粗大颗粒(大于指定粒级)消失速率与参加粉磨的粉体中这些大颗粒所占比率成正比的思想,来建立粉磨过程的动力学模型[174-176]。动力学模型把粉磨过程表示为一种连续的速率过程,磨矿时间越长则粒度减小越明显。动力学模型与矩阵模型相比,结构简单、求解方便,但所采用的参数太少,而不能全面反映粉磨过程特征和参变量间定量关系,难以应用于磨矿过程的优化与控制的研究。

④ 物料平衡模型:是把矩阵模型与动力学模型结合起来,在选择函数和破裂函数这两个概念以及破碎动力学的基础上,根据物料平衡原理,即磨机内某粒级物料变化量等于较大颗粒被破裂后生产该粒级的质量分数减去该粒级被破碎的质量分数,来描述粉磨动态过程[177-180],是目前公认的最佳磨机模型。对于连续磨矿过程,必然涉及颗粒从磨机入口到出口的传输过程,即物料通过磨机的流型(完全混合流、柱塞流等)和停留时间的问题。因此,连续磨矿球磨机等效为一个理想混合器[181],结合矩阵代数和磨矿动力学建立了理想混合模型,即某个粒级在球磨机内的变化率=给料-排料+生成-消失。物料平衡模型是一个模型框架,它主要包括两个关键参数,选择函数和破裂函数确定这两个关键参数,再对模型求解即可获得产品的粒度分布。

本书所建立的磨矿粒度主模型中的磨机模型即采用物料平衡模型来建立,具体模型如下。

由于磨机具有一定的长度,其可视为由 N 个理想混合器串联而成,因此矿物在球磨机内的磨矿过程可分为 N 个串联的子过程。其中 N 取决于磨机的长度与磨机转速。对于第 l 个子过程,根据物料平衡模型框架,可建立如下的粒度分布模型。

$$\dot{M}_{B,i}^k = \frac{Q_B^{k-1}C_B^{k-1}}{V_B^k C_B^k}(M_{B,i}^{k-1}-M_{B,i}^k)-s_i M_{B,i}^k+\sum_{j=1}^{i-1}b_{ij}s_j^k M_{B,j}^k \qquad (3-1)$$

其中,M 代表不同粒级的矿石颗粒的质量分布,%;Q 表示矿浆流量,t/h;C 为矿浆浓度,t/m³;V 表示磨机的体积,m³;下标 B 表示球磨机;$i=1,2,\cdots,n$ 表

示第 i 个粒级;上标 $l=1,2,\cdots,N$ 代表第 l 个子过程;Q_B^0、C_B^0 和 M_B^0 分别表示给入磨机总物料的体积流量、浓度以及粒度分布;Q_B^N、Q_B^N 和 $M_{B,i}^N$ 分别为磨机排除矿浆的体积流量、浓度以及粒度分布;s_i 为选择函数,表示 i 粒级因破碎而减少的含量;b_{ij} 为破裂函数,表示由 i 粒级破碎到 j 粒级的比例,其中 $i>j$。

给入磨机总物料的体积流量 Q_B^0 即是原矿石 y_1、水 y_2、分级机返砂 Q_{cu} 的体积流量的总和,由下式表示:

$$Q_B^0=\frac{y_1}{\rho}+y_2+Q_{cu}(t-\tau) \tag{3-2}$$

其中,τ 为分级机返砂延时。

给入磨机总物料的浓度 C_B^0 即是原矿石 y_1、水 y_2、分级机返砂 Q_{cu} 的混合后的矿浆浓度,由下式表示:

$$C_B^0=\frac{\dfrac{y_1}{\rho}+C_{cu}\cdot Q_{cu}(t-\tau)}{\dfrac{y_1}{\rho}+y_2+Q_{cu}(t-\tau)} \tag{3-3}$$

给入磨机总物料的粒度分布 $M_{B,i}^0$ 根据如下方程求得:

$$M_{B,i}^0=\frac{y_1 M_{0,i}+\rho_w M_{cu,i}\cdot C_{cp}\cdot Q_{cu}(t-\tau)}{y_1+\rho C_{cu}\cdot Q_{cu}(t-\tau)},\ (i=1,\cdots,n) \tag{3-4}$$

磨机内矿浆体积 V_B^l 和浓度 C_B^l 采用如下动态方程:

$$\dot{V}_B^k=Q_B^{k-1}-Q_B^k \tag{3-5}$$

$$\dot{C}_B^k=(Q_B^{k-1}C_B^{k-1}-Q_B^k C_B^k)/V_B^i \tag{3-6}$$

磨机输出矿浆体积流量 Q_B^l 与磨机内矿浆体积 V_B^l 成正比,即 $Q_B^l=kV_B^l$,k 为比例常数。

由式(3-1)可以看出,选择函数 s_i 与破裂函数 b_{ij} 是影响模型的关键参数,其不仅与操作参数有关,还取决于矿石的性质,如矿石硬度 J,从而难以用精确的数学模型描述,普遍采用实验法获得。

本书参考文献[178]所建立的选择函数,将 s_i 用如下方程来表示:

$$s_i=\alpha_1\exp(-\alpha_2\ln(V_B^l C_B^l)+\alpha_3\ln J+\alpha_4\ln(\overline{d_i}/\overline{d_1})+\alpha_5\ln(\overline{d_i^2}/\overline{d_1^2})) \tag{3-7}$$

其中 $\alpha_1,\cdots,\alpha_5$ 是与矿石性质与磨机操作条件有关的常数,$\overline{d_i}$ 为两个 d_i 和 d_{i+1} 的几何平均值,如下式表示:

$$\overline{d_i}=\sqrt{d_i d_{i+1}} \tag{3-8}$$

其中 d_i,$i=1,2,\cdots,n$ 表示第 i 个粒级的最大粒径。

破裂函数 $b_{i,j}$ 为

$$b_{ij}=B_{i,j}-B_{i+1,j} \tag{3-9}$$

其中 $B_{i,j}$ 表示累计破裂函数,表示第 j 粒级破碎后,产品中小于第 i 粒级粒径上限的物料所占的质量分数,由如下的三参数方程来表示:

$$B_{i,j} = \beta_1 \left(\frac{d_i}{d_{j+1}} \right)^{\beta_2} + (1 - \beta_1) \left(\frac{d_i}{d_{j+1}} \right)^{\beta_3}, \quad n \geqslant i \geqslant j \tag{3-10}$$

式(3-10)中,β_1,β_2,β_3 即为需要实验确定的模型参数。

（2）螺旋分级机模型

螺旋分级机数学模型是从 20 世纪 80 年代初期开始,以分离粒度和分离效率曲线为基础开始系统研究的。我国李松仁和伍敏善分别在美国和中国完成了可用于数字计算机仿真的螺旋分级机数学模型的研究[182-184],取得了开创性的进展。黄钦平等继续了前人的研究工作,通过对混合矿物分级行为的研究,建立了相应的数学模型[185]。谢恒星、李松仁在工业试验的基础上建立了工业型螺旋分级机数学模型[186],用以指导磨矿分级的生产实践。

在螺旋分级机中,受重力、流体阻力和浮力等综合作用力的影响,粗矿粒沉于螺旋分级机槽底,随螺旋片的旋转形成返砂返至磨机再磨,细矿粒成浮游状随溢流排出,进入下一工序。由于与球磨机的磨破动态过程相比,分级机的重力选别动态过程较快,因此可忽略其动态过程。从而根据物料平衡原理,可建立如下的分级机过程模型。

首先通过下式计算出进入螺旋分级机的矿浆流量 Q_{CI}（m³/min）和矿浆浓度 C_{CI}（％）。

$$Q_{CI} = Q_B^N + q \tag{3-11}$$

$$C_{CI} = C_B^N Q_B^N (C_B^N Q_B^N + q\rho_W)^{-1} \tag{3-12}$$

此后以球磨机排矿粒度分布 $M_{B,i}^N$、入选螺旋分级机的矿浆流量 Q_{CI} 和矿浆浓度 C_{CI}（％）为输入,以螺旋分级机溢流矿浆的粒度分布 $M_{CO,i}$（％）、矿浆浓度 C_{CO}（％）、矿浆流量 Q_{CO}（m³/min）,和螺旋分级机底流矿浆的粒度分布 $M_{CU,i}$（％）、矿浆浓度 C_{CU}（％）、矿浆流量 Q_{CU}（m³/min）为输出,建立螺旋分级机模型。

根据物料平衡原理,螺旋分级机溢流矿浆的粒度分布 $M_{CO,i}$、矿浆浓度 C_{CO}、矿浆流量 Q_{CO} 可表示为:

$$M_{CO,i} = \frac{Q_B^N C_B^N M_{B,i}^N (1 - E_i)}{Q_{CO} C_{CO}} \tag{3-13}$$

$$C_{CO} = \frac{C_H \left(1 - \sum_{i=1}^{n} M_{B,i}^N E_i \right)}{C_H \left(1 - \sum_{i=1}^{n} M_{B,i}^N E_i \right) + \theta_1 (1 - C_H) + \theta_2} \tag{3-14}$$

$$Q_{CO} = Q_{CI}C_{CI}\left(1 - \sum_{i=1}^{n} M_{B,i}^{N}E_i\right) + \theta_1 Q_{CI}(1 - C_{CI}) + \theta_2 \qquad (3\text{-}15)$$

相应的,螺旋分级机底流矿浆的粒度分布 $M_{CU,i}$、矿浆浓度 C_{CU}、矿浆流量 Q_{CU} 为:

$$M_{CU,i} = \frac{E_i Q_B^N C_B^N M_{B,i}^N}{Q_{CO}C_{CO}} \qquad (3\text{-}16)$$

$$C_{CU} = \frac{Q_{CI}C_{CI} - Q_{CO}C_{CO}}{Q_{CI} - Q_{CO}} \qquad (3\text{-}17)$$

$$Q_{CU} = Q_{CI} - Q_{CO} \qquad (3\text{-}18)$$

其中,E_i 为螺旋分级机第 i 个粒级的实际分级效率。螺旋分级机是基于颗粒在流体介质中沉降速度差异的一种粒度分离机构。与重力场分级理论相悖的是沉砂中存在细粒级矿物和溢流中存在粗粒级矿物,其原因在于分级机加水、脉动水的流动和紊动漩涡的干扰作用,导致颗粒间碰撞、摩擦和黏附,从而沉降速度发生改变,同时,混杂作用使得进入沉砂的短路水流直接将部分细粒级物料夹带入沉砂产物而未经过分级过程。实际分级效率 E_i 是由分级作用进入沉砂的固体和混杂作用进入沉砂的固体共同决定的,采用下式表示:

$$E_i = E_i^c + E_i'\left[1 - \left(\frac{\overline{d}_i}{d_1}\right)^{k_0}\right] \qquad (3\text{-}19)$$

其中,$E_i^c(\%)$ 为校正分级效率,实践表明,校正效率曲线符合 Rosin-Rammler 方程[182]。

$$E_i^c = 1 - \exp\left[-0.693\left(\frac{\overline{d}_i}{d_{50}}\right)^m\right] \qquad (3\text{-}20)$$

其中,$\overline{d}_i$ 为两个 d_i 和 d_{i+1} 的几何平均值,由式(3-8)产生,d_{50}(μm)为螺旋分级机分离粒度或称分割粒度,是粒度分配曲线上相当于分配率为 50% 的固体粒径,采用如下方程表示:

$$\log d_{50} = \theta_3 + \theta_4 \ln Q_{CI} + \theta_5 C_{CI} + \theta_6 \ln(\rho_O - \rho_W) \qquad (3\text{-}21)$$

式(3-21)中,ρ_O 和 ρ_W 分别为矿浆和水的密度。m 为分离精度,与分级作用和分级效果成正比,可由下式决定:

$$\ln m = \theta_7 - \ln Q_H^{0.15} + \theta_8 \frac{Q_{SU}}{Q_{SO}} \qquad (3\text{-}22)$$

式(3-19)中,E_i' 和 k_0 为混杂系数和混杂指数,分别由下式表示:

$$E_i' = \theta_9 \exp(A_0) + \theta_{10} A_0 Q_H + \theta_{11} C_N \ln Q_H + \theta_{12} \ln Q_H B_0 + \theta_{13} A_0 S_C + \theta_{14} H_w^3 \qquad (3\text{-}23)$$

$$\ln k_0 = \theta_{15} + \theta_{16} A_0 + \theta_{17} \ln Q_H^2 + A_0 \theta_{18} \ln B_0 \qquad (3\text{-}24)$$

其中 H_w 和 S_C 分别为螺旋分级机的堰高和倾斜角度，A_0 和 B_0 定义如下：

$$A_0 = \frac{-\ln(1 - M_{B,n}^N)}{\overline{d}_n^{B_0}} \tag{3-25}$$

$$B_0 = \frac{\ln[\ln(M_{B,n}^N)] - \ln[\ln(1 - M_{B,n}^N)]}{\ln \overline{d}_{1\cdots n-1} - \ln \overline{d}_n} \tag{3-26}$$

上述分级机模型中，$\theta_1 \sim \theta_{18}$ 为需要实验确定的模型参数。

分级机的溢流矿浆即为本书所研究的赤铁矿磨矿产品矿浆。利用所建立的球磨机动态模型可估计出磨机排矿矿浆的粒度分布 $M_{B,i}^N (i=1,\cdots,n)$、流量 Q_B^N,C_B^N，将其带入到分级机模型，即可估计出分级机溢流矿浆的粒度分布，即 $M_{CO,i} (i=1,\cdots,n)$。根据磨矿粒度的定义，即磨矿粒度为矿浆中粒径小于 74 μm 的矿粒占总矿物的百分数，从而可建立赤铁矿磨矿粒度软测量模型，即

$$\hat{r}_{\mathrm{main}} = \sum_{n_{74}}^{n} M_{CO,i} / \sum_{i=1}^{n} M_{CO,i} \tag{3-27}$$

其中 n_{74} 表示与粒径 74 μm 相对应的粒级，在本书中 $n=24$，$n_{74}=14$。

3.2.2 基于 Prey-Predator 的模型参数校正算法

在上述基于机理分析所建立的模型中，需要确定的模型参数包括 $\alpha_1 \sim \alpha_5$，$\beta_1 \sim \beta_3$ 和 $\theta_1 \sim \theta_{18}$，其不仅与矿石性质有关，还与磨矿条件有关，在工业现场或实验室中难以对其进行精确测量。通常，对于模型参数的校正，可采用模拟退火法、遗传算法、粒子群等全局优化算法来实现。然而，对本书所建立的赤铁矿磨矿粒度的主模型，由于需要估计的模型参数较多，共 26 个，如果直接采用全局优化算法，会大大增加算法的复杂性。因此如何利用实际数据估计模型参数的最优值是一项艰巨而富有挑战的任务。本书首先采用参数灵敏度分析方法评价模型中这 26 个模型参数的相对重要性。然后采用赤铁矿磨矿过程实际数据，利用 Prey-Predator 优化算法对重要的模型参数进行校正，不重要的模型参数则通过工程经验进行确定，进而得到赤铁矿磨矿粒度的主模型。采用这种方法，由于待优化的模型参数与原问题相比相对较少，因此更容易得到最佳的模型参数。

（1）参数灵敏度分析方法

对赤铁矿磨矿粒度的主模型参数进行灵敏度分析（即确定模型参数的重要性），主要采用因子扰动（factor perturbation）法[187]。因子扰动法是变化一个模型参数，且让其他参数保持常数不变，然后用输出值变化量与该参数变化量来分析这个模型参数的灵敏度。因子扰动法每次对一个参数进行分析，最后综合多个参数各自分析的结果，具体步骤为：

① 步骤 1。选择待评估的模型参数,其中 $x_1 \sim x_5$ 为 $\alpha_1 \sim \alpha_5$,$x_6 \sim x_8$ 为 $\beta_1 \sim \beta_3$,$x_9 \sim x_{26}$ 为 $\theta_1 \sim \theta_{18}$;

② 步骤 2。根据磨矿过程工程经验和实验室测量,设置每个模型参数的取值范围,即 $[x_{i,\min}, x_{i,\max}]$,$i=1,\cdots,26$;

③ 步骤 3。对某一个模型参数 x_i,在设置的模型参数取值范围内,从最小值 $x_{i,\min}$ 开始依次增加 $(x_{i,\max}-x_{i,\min})/(p-1)$,直到最大值 $x_{i,\max}$,并设置其他模型参数为该模型参数取值范围内的平均数,从而获得这一模型参数变化序列 $x_i^1,\cdots,x_i^p$ 的输出响应 $\hat{r}_{\mathrm{main},i}^p$,其中 $x_i^1 = x_{i,\min}$,$X_i^p = x_{i,\max}$。

④ 步骤 4。计算每个模型参数的灵敏度,并进行对比分析。

在步骤 4 中,对于参数的灵敏度可分为绝对灵敏度和相对灵敏度。绝对灵敏度是输出值与参数变化量的比值,即:

$$S_{x_i,j} = \frac{\Delta \hat{r}_{\mathrm{main},i}^j}{\Delta x_i^j} \quad j=2,\cdots,p \tag{3-28}$$

其中 $\Delta x_i^j = x_i^j - x_i^1$ 为第 i 模型参数第 j 个次的变化量,$\Delta \hat{r}_{\mathrm{main},i}^j = \hat{r}_{\mathrm{main},i}^j - \hat{r}_{\mathrm{main},i}^1$ 为第 i 模型参数第 j 个次变化量所对应的输出增量。从上式可以看出,绝对灵敏度是通过利用该模型参数相对于最小值的变化量来评价的。但在绝对灵敏度中,参数的不同量纲使得不同参数的灵敏度存在很大差异,因此绝对灵敏度无法用于比较模型中不同参数的灵敏度。

为此,本书主要采用相对灵敏度,如下式表示:

$$S_{x_i,j} = \frac{\Delta \hat{r}_{\mathrm{main},i}^j / \hat{r}_{\mathrm{main},i}^1}{\Delta x_i^j / x_i^1} \quad j=2,\cdots,p \tag{3-29}$$

从上式可以看出,在相对灵敏度中,考虑了参数量纲因素,因此可以用于比较模型中不同参数的灵敏度,以确定各个参数对模型输出的重要性。

基于上述方法,对本书所建立的赤铁矿磨矿粒度的主模型的参数进行了灵敏度分析,所得到的相对灵敏度如图 3-2 所示。本书定义相对灵敏度均值大于 0.02 的模型参数即为重要的模型参数。从图中可以看出只有 α_1,α_2,α_3,α_5,β_1,β_2,β_3,θ_1,θ_2,θ_3,θ_5,θ_7 和 θ_8 的相对灵敏度均值大于 0.02,因此 Prey-Pedator 优化算法将主要优化这 13 个模型参数,而其他模型参数取为其取值范围内的平均数。

(2) 基于 Prey-Predator 优化算法的模型参数校正方法

Prey-Predator 是一种模拟生物界普遍存在的捕食 Pedator 与被捕食 Prey 现象而提出的一种具有捕食逃逸的群体优化算法[188]。基本的思想是,首先初始化 m 个可行解,将每个可行解所对应的性能指标看做该可行解的生存值 (survival value),把生存值最小的解看做一个捕食者 Predator,其余的可行解均

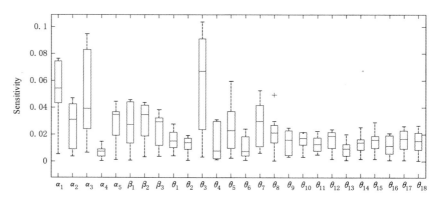

图 3-2　模型参数相对灵敏度

看做是被捕食者 Prey,其中生存值最大的解看做最好的被捕食者 Best Prey,即问题的最优解。在 Prey-Predator 优化算法中,Predator 用于追赶、捕食生存值小的 Prey,而每个 Prey 需要逃离 Predator,并向 Best Prey 靠近,Best Prey 探索更好位置的隐匿处(hideout),以获得更大的生存值。因此 Best Prey 可用于实现对最优解的搜索(Exploitation),同时 Predator 与 Prey 的捕食与逃逸过程中对最优解进行了很好的探索(Exploration)。

本书所涉及的赤铁矿磨矿粒度的主模型参数校正问题可由下式来表示:

$$\max_x V(x) = \frac{1}{\sqrt{\sum_{i=1}^{N} \frac{(r - \hat{r}_{\mathrm{main}}(x))^2}{N}}} \qquad (3\text{-}30)$$

其中 $\boldsymbol{x} = [\alpha_1, \alpha_2, \alpha_3, \alpha_5, \beta_1, \beta_2, \beta_3, \theta_1, \theta_2, \theta_3, \theta_5, \theta_7, \theta_8]^{\mathrm{T}}$ 为待优化的模型参数向量,N 为样本数量;r 为实际赤铁矿磨矿粒度;$\hat{r}_{\mathrm{main}}(x)$ 赤铁矿磨矿粒度的主模型输出。式(3-30)表示使模型误差绝对值累计和最小的解 x 即为最优模型参数向量。

根据 Prey-Predator 优化算法,首先在模型参数的取值范围内,初始化 m 个可行解,$\{x_1, x_2, \cdots, x_m\}$。$V(x_i)$ 即为每个可行解 x_i 的生存值,把具有最小 $V(x_i)$ 的可行解 x_i 看做一个 Predator,其余的可行解 x_i 均看做是 Prey,并设置具有最大 $V(x_i)$ 的可行解 x_i 为 Best Prey。Prey-Predator 优化算法采用移动方向和移动步长来描述 Predator 和 Prey 运动行为。

① Best Prey 的行为

BestPrey 是认为具有最大生存值 $V(x_i)$ 的 Prey,其移动主要用于寻找更好的隐匿处,实现局部探索,因此随机给一个移动方向,如果能够获得更大的生存

值，Best Prey 将按这个方向移动，即

$$x_i \leftarrow x_i + \lambda_{\min} \xi_1 \left(\frac{d_l}{\| d_l \|} \right) \tag{3-31}$$

如果不能，则将停留在原地。

式（3-31）中，d_l 即表示可移动的方向，$\| \cdot \|$ 表示 Euclidean 距离，$\lambda_{\min}$ 为最小的移动步长，ξ_1 为 0 到 1 之间一个服从均匀概率分布的随机数。

② 其他 Prey 的行为

每一次迭代优化过程中，Prey 采用如下方程更新其位置。

$$x_i \leftarrow \begin{cases} x_i + \lambda \xi_2 \left(\dfrac{d_i}{\| d_i \|} \right) + \xi_3 \left(\dfrac{d_r}{\| d_r \|} \right) & P_f > 0.5 \\[3mm] x_i + \xi_3 \left(\dfrac{d_r}{\| d_r \|} \right) & \text{其他} \end{cases} \tag{3-32}$$

其中，ξ_2 和 ξ_4 均为 0 到 1 之间服从均匀概率分布的随机数；P_f 为该 Prey 跟随其他 Prey 的概率，如果 $P_f > 0.5$，则该 Prey 除了在局部位置进行随机方向 d_r 的探索外，还将沿着 Prey 群体的方向 d_i 移动，因为 Prey 群体中存在最佳的隐匿处，因此 d_i 由其他 Prey 与该 Prey 间的距离产生，即：

$$d_i = \sum_{j=1}^{m-2} \frac{\eta^{V(x_j)} (x_j - x_i)}{\| x_j - x_i \|} \tag{3-33}$$

其中，$\eta \geqslant 1$，表示 Prey 的生存值对距离的影响程度。为了防止分母除零运算，通常采用如下方程计算 d_i：

$$d_i = \sum_{j=1}^{m-2} e^{(V(x_i))^\mu - \| x_j - x_i \|} (x_j - x_i) \tag{3-34}$$

对于每一个 Prey，其在局部随机方向 d_r 上的探索，必须要尽可能远离 Pedator，因此，当随机产生一个 d_r 后，首先需要按照如下公式确定该 Prey 分别沿着 d_r 和 $-d_r$ 方向移动后哪个离 Predator 较远。

$$d_{l1} = \| x_{\text{predator}} - (x_i + d_r) \| \tag{3-35}$$

$$d_{l2} = \| x_{\text{predator}} - (x_i - d_r) \| \tag{3-36}$$

如果 $d_{l1} < d_{l2}$，则 $-d_r$ 将作为随机方向，否则选择 d_r 为随机移动方向。

式（3-32）中，λ 为移动步长，考虑到每个 Prey 与 Predator 距离的不同应选择不同的移动步长，采用下式计算 λ：

$$\lambda = \frac{\lambda_{\max}}{\vartheta | V(x_i) - V(x_{\text{predator}}) |^\nu} \tag{3-37}$$

其中，$\lambda_{\max}$ 为最大移动步长，ϑ 和 υ 为两个调整参数，决定了生存值对移动步长的影响程度。为了防止分母除零运算，通常采用下式替代（3-37）：

$$\lambda = \frac{\lambda_{\max}}{e^{\vartheta \mid V(x_i) - V(x_{predator}) \mid^\upsilon}} \tag{3-38}$$

（c）Predator 的行为

为了捕获 Prey，Predator 采用如下方程更新其位置。

$$x_{predator} \leftarrow x_{predator} + \lambda_{\max}\xi_4 \left(\frac{d_r}{\parallel d_r \parallel}\right) + \lambda_{\min}\xi_5 \left(\frac{x_i' - x_{predator}}{\parallel x_i' - x_{predator} \parallel}\right) \tag{3-39}$$

其中，d_r 为随机移动方向，x_i' 表示具有最小生存值的 Prey。ξ_4 和 ξ_5 均为 0 到 1 之间服从均匀概率分布的随机数。

在每一次算法迭代过程中，Prey 与 Predator 采用上述方程进行更新，具体的算法步骤如下：

步骤 1：设置算法参数，在模型参数的取值范围内，初始化 m 个可行解。

步骤 2：计算每一个可行解的生存值，并区分出 Prey，Predator 和 Best Prey。

步骤 3：根据式（3-31）～式（3-39）更新所有的 Prey 和 Predator。

步骤 4：检查是否满足终止条件，不满足返回至步骤 2 中。

采用上述的 Prey-Predator 优化算法进行多次参数优化，优化结果如图 3-3 所示。取获得最大目标函数 $V(x)$ 值的 x 为最佳模型参数，从而得到磨矿粒度主模型的参数为 $\{\alpha_1,\cdots,\alpha_5\} = \{0.032, 1.1, 1.01, 0.034, 0.239\}$，$\{\beta_1,\beta_2,\beta_3\} = \{0.73, 0.75, 3.72\}$，$\{\theta_1,\cdots,\theta_{18}\} = \{0.73, 0.0036, 3.62, -0.41, -0.933, -0.51, 0.97, -1.61, 0.083, 1.45, 0.28, 0.0021, 0.052, 1.44, 0.125, -0.088, -0.031, 2.45\}$。

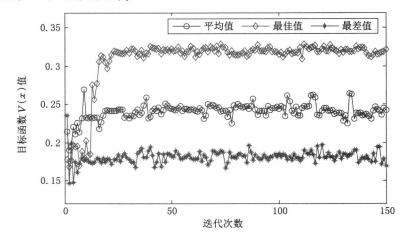

图 3-3　Prey-Predator 算法求解结果

3.3　基于在线鲁棒随机权神经网络的误差补偿模型

由于赤铁矿粒级宽,在实际磨矿过程中有些粒子可能被反复破碎,而另一些很可能不被破碎,因此,实际的选择函数和破裂函数要比上述所建立的模型要复杂得多。此外,上述机理模型的建立是在假设球磨机为理想混合器的条件下进行的,并忽略了矿石在磨机内的停留时间等重要因素。因此所建立的模型式(3-1)～式(3-27)虽然可描述磨矿操作条件变化时的赤铁矿磨矿粒度的动态响应,Prey-Predator 优化算法的使用,在一定程度上提高了模型精度,但与实际的赤铁矿磨矿过程还存在较大的差异。而且由于 Prey-Predator 优化算法存在计算复杂、收敛速度慢的缺点,难以在线根据矿石性质和设备参数的变化来优化模型参数。因此上述建立的赤铁矿磨矿粒度主模型难以保证在线估计的精度。为此本书采用了数据驱动的建模技术,提出一种在线鲁棒随机权神经网络用于补偿主模型的估计误差,从而提高估计的精度。

3.3.1　在线鲁棒随机权神经网络

多层前向神经网络的系统逼近和泛化能力早已被广泛研究,其种种优良特性使得它在建模领域中有着非常广泛的应用。现已证明,单隐含层前向神经网络(single-hidden layer feed-forward neural networks,SLFN)可以任意精度逼近任何一个非线性的函数[189],目前对于 SLFN 权值调整主要是采用基于梯度的下降学习算法(BP 算法),然而这种算法存在学习速度较慢、求解易于陷入局部极小等缺点,很大程度上限制了 SLFN 的发展和应用。为解决上述问题,提出了一类特殊的 SLFN,即随机权神经网络(random vector functional link network, RVFLN),其不仅集成了 SLFN 的诸多优点,而且克服 SLFN 学习速度慢的缺点。Schmidt 首先通过实验证明了输入层到隐含层的权值对于网络性能是不重要性,可随机选取[190]。此后 Pao 指出可随机选取输入层到隐含层的权值以及隐含层的阀值,只通过调整输出权值即可保证网络的逼近特性[191]。Igelnik 通过 Monte-Carlo 方法对 RVFLN 的收敛性进行了研究[192]。当前 RVFLN 在建模与控制中的可行性已得充分的讨论[193]和应用验证[194-197]。

但是在实际工业生产过程中,受测量仪表或变送器等装置的故障以及异常干扰的影响,导致测量数据中存在离群点。对于赤铁矿磨矿过程,由于矿石的"磁团聚"特性导致磨矿粒度的实际测量值出现较大的偏差,大大增加 RVFLN 建模样本中的离群点。但是 RVFLN 本身没有抑制离群点的能力,在建模样本中如果存在一个离群点,都将导致模型失配[198]。因此,为了使 RVFLN 能够更好应用于工业实际,必须提高其鲁棒性。此外,传统 RVFLN 属于批处理算法,当测量数据逐渐累计时,算法的计算负荷逐渐加大,实际控制系统最终将无法满足其对存储空间和运算速度的要求。为此,本书提出一种在线鲁棒的 RV-FLN,用于实现赤铁矿磨矿粒度的误差补偿模型,具体模型如下:

考虑 N 个数据样本$(\boldsymbol{x}_i,y_i)\in \mathbf{R}^d\times R$,一个具有 L 个隐含层节点的 SLFN 由如下方程表示:

$$f(\boldsymbol{x}_i)=\sum_{j=1}^{L}w_j\varphi_j(\boldsymbol{v}_j,b_j,\boldsymbol{x}_i) \tag{3-40}$$

其中 $\boldsymbol{v}_j$ 和 b_j 分别为输入权值向量和隐含层第 j 个节点阀值;w_j 为连接第 j 个隐节点和输出节点的输出权值。Φ_j 表示激活函数,采用如下的径向基函数:

$$\varphi_j=\varphi\left(\frac{\parallel \boldsymbol{x}_i-v_j\parallel}{b_j}\right) \quad v_j\in \mathbf{R}^d,b_j\in \mathbf{R}^+ \tag{3-41}$$

其中$\parallel \cdot \parallel$表示 Euclidean 距离。

对于 N 个数据样本$(\boldsymbol{x}_i,y_i)$,其成本函数采用误差平方和,即

$$\begin{aligned}J&=\sum_{i=1}^{N}\parallel f(\boldsymbol{x}_i)-y_i\parallel^2\\&=\sum_{i=1}^{N}\parallel \sum_{j=1}^{L}w_j\varphi_j(\boldsymbol{v}_j,b_j,\boldsymbol{x})-y_i\parallel^2\end{aligned} \tag{3-42}$$

不同于上述传统学习理论即需要调节 SLFN 的所有参数 $\boldsymbol{v}_i,b_i$ 和 w_i,RV-FLN 认为对于 $\boldsymbol{v}_i$ 和 b_i 可随机选取,只需要计算输出层的线性参数 w_i 即可保证网络的逼近性能[199]。因此,在 RVFLN 框架下,原优化问题(3-42)转变为一个如下的线性二次优化问题。

$$\underset{w_i,\cdots,w_l}{\text{argmin}}\sum_{i=1}^{N}\parallel \sum_{j=1}^{L}w_j\varphi_j(\boldsymbol{v}_j,b_j,\boldsymbol{x})-y_i\parallel^2 \tag{3-43}$$

将上述方程用矩阵形式表示为:

$$\underset{W}{\text{argmin}}\parallel \boldsymbol{H}\boldsymbol{W}-\boldsymbol{Y}\parallel^2 \tag{3-44}$$

其中

$$\boldsymbol{H}=\begin{bmatrix}\boldsymbol{h}(\boldsymbol{x}_1)\\\vdots\\\boldsymbol{h}(\boldsymbol{x}_N)\end{bmatrix}=\begin{bmatrix}\varphi(\boldsymbol{v}_1,b_1,\boldsymbol{x}_1)&\cdots&\varphi(\boldsymbol{v}_L,b_L,\boldsymbol{x}_1)\\\vdots&\cdots&\vdots\\\varphi(\boldsymbol{v}_1,b_1,\boldsymbol{x}_N)&\cdots&\varphi(\boldsymbol{v}_L,b_L,\boldsymbol{x}_N)\end{bmatrix}_{N\times L} \tag{3-45}$$

$\boldsymbol{H}$ 称为隐含层输出矩阵,$\boldsymbol{h}(\boldsymbol{x})$ 表示隐含层特征映射,$\boldsymbol{W}=[w_1,w_2,\cdots,w_L]^T\in \mathbf{R}^L$ 为输出权值向量,$\boldsymbol{Y}=[y_1,y_2,\cdots,y_N]^T\in \mathbf{R}^N$ 为实际测量向量。

在 RVFLN 框架中,(3-44)可看做是一个线性的回归问题,因此可以采用任何简单的二次优化技术[200]来求解。如果输入权值和隐含层阈值参数($\boldsymbol{v}_i$ 和

b_i)是基于某连续取样分布概率随机生成,且激活函数 φ_i 为任意区间无限可微的,则 $\boldsymbol{H}$ 矩阵的秩为 $\boldsymbol{L}$,输出层的权值 $\boldsymbol{W}$ 则可由 $\boldsymbol{HW}=\boldsymbol{Y}$ 线性方程组直接解出,即

$$\hat{\boldsymbol{W}}=\boldsymbol{H}^{\dagger}\boldsymbol{Y} \tag{3-46}$$

其中 $\boldsymbol{H}^{\dagger}$ 为 $\boldsymbol{H}$ 的摩尔广义逆(Moore-Penrose generalized inverse)[201]。计算 $\boldsymbol{H}^{\dagger}$ 的方法较多,如奇异值分解,迭代求解以及正交法等。当 $\boldsymbol{H}$ 可逆时,可直接求 $\boldsymbol{H}^{\dagger}=\boldsymbol{H}^{-1}$。由于 RVFLN 的隐含层输出矩阵 $\boldsymbol{H}$ 为列满秩,因此可采用 $\boldsymbol{W}$ 求得式(3-46)的最小二乘解。

摩尔广义逆求得的(3-46)的解本质上是对线性模型参数 $\boldsymbol{W}$ 的最小二乘估计,是所有二乘解中具有最小模的解,因此网络具有较强的泛化能力。此外,依据最小二乘估计理论,在数据正态分布的条件下,最小二乘估计为线性最优估计,$\hat{\boldsymbol{W}}=\boldsymbol{H}^{\dagger}\boldsymbol{Y}$ 可获得最小的训练误差,同时克服了 BP 算法收敛速度慢、易陷入局部极小的缺点。然而在式(3-46)中,对每个观察数据均给予相同的权重,当训练样本集中存在离群点时,容易夸大这些奇异值的影响,从而导致整个系统估计偏差变大,甚至得到完全错误的结果。为了克服上述缺点,需要对权值 $\boldsymbol{W}$ 的估计方法进行改进,建立具有一定鲁棒性的 RVFLN。

通常,其为减少离群点的影响,对不同训练样本点施加不同的权重,即对残差小的点给予较大的权重,而对残差较大的点给予较小的权重。根据残差大小确定权重,并据此建立加权最小二乘估计(weighted least squares,WLS),这是系统参数稳健估计最为简单而有效的方法。本书将 WLS 引入到 RVFLN 的权值估计中,从而提高 RVFLN 的鲁棒性。下面先介绍在 WLS 下的 RVFLN 权值 $\boldsymbol{W}$ 估计方法,然后给出训练样本惩罚权值的计算方法。

首先,在(3-43)中加入惩罚权值 p_i,得到

$$\begin{aligned} J &= \sum_{i=1}^{N} p_i \left\| \sum_{j=1}^{L} w_j \varphi_j(\boldsymbol{v}_j,b_j,\boldsymbol{x}) - y_i \right\|^2 \\ &= (\boldsymbol{HW}-\boldsymbol{Y})^{\mathrm{T}}\boldsymbol{P}(\boldsymbol{HW}-\boldsymbol{Y}) \end{aligned} \tag{3-47}$$

其中 $\boldsymbol{P}=\mathrm{diag}\{p_1,p_2,\cdots,p_N\}$ 为惩罚权重矩阵,表示训练样本对成本函数 J 的贡献,可根据样本数据的可靠性来进行调整。这是因为,可靠性高表示该样本是能够反映过程真实动态的正常数据,可靠性低则表示该样本包括了与系统动态无关的信息,可视为离群点。因此,增大可靠性高的样本权重同时减少可靠性低的样本权重,可有效抑制离群点对网络参数估计的影响。

通过式(3-47)对输出权值 $\boldsymbol{W}$ 求导,可得:

$$\frac{\partial J}{\partial \boldsymbol{W}} = \frac{\partial (\boldsymbol{HW}-\boldsymbol{Y})^{\mathrm{T}}\boldsymbol{P}(\boldsymbol{HW}-\boldsymbol{Y})}{\partial \boldsymbol{W}}$$

$$= 2\boldsymbol{H}^{\mathrm{T}}\boldsymbol{PHW} - 2\boldsymbol{H}^{\mathrm{T}}\boldsymbol{PY} \tag{3-48}$$

求 $\partial\boldsymbol{J}/\partial\boldsymbol{W}=0$，得：

$$\hat{\boldsymbol{W}} = (\boldsymbol{H}^{\mathrm{T}}\boldsymbol{PH})^{-1}\boldsymbol{H}^{\mathrm{T}}\boldsymbol{PY} \tag{3-49}$$

式(3-49)即是采用 WLS 方法得到 RVFLN 权值 $\boldsymbol{W}$ 的估计。

由式(3-49)可以看出，是否能够估计样本的可靠性以及如果根据可靠性配置权重矩阵 $\boldsymbol{P}$，是采用 WLS 方法进行权值估计所要面临的主要问题。为解决上述问题，本书采用一种非参数的核密度估计(kernel density estimation, KDE)方法[202]，通过估计最小二乘的残差分布，来得到样本的可靠性，并依此作为分配权重矩阵 $\boldsymbol{P}$ 的依据。其主要思想是：离群点所带来的模型残差往往远大于正常样本的模型残差，但由于离群点的出现具有偶然性，其数量相对于数据样本总数相对较少，主要分布在残差低密度区，因此如果一个样本残差远离总体残差分布中心，则可认为该样本为离群点。

为了得到残差的概率分布，需要先将 $\boldsymbol{P}$ 设置为 $\boldsymbol{I}$，对(3-46)进行一次求解，并计算出标准的残差，即

$$\varepsilon_j = \sum_{i=1}^{L}\hat{w}_i\varphi_i(\boldsymbol{v}_i,b_i,\boldsymbol{x}_j) - y_j \quad j=1,2,\cdots,N \tag{3-50}$$

然后利用 KDE 方法对残差的概率密度函数进行估计，算法如下：

$$f(x) = \frac{1}{hN}\sum_{j=1}^{N}\phi\left(\frac{x-\varepsilon_j}{h}\right) \tag{3-51}$$

其中，$h=1.06\hat{\sigma}N^{-1/5}$ 为估计窗口的宽度，$\hat{\sigma}$ 残差的标准差，ϕ 为核函数，本书选择高斯核函数，即：

$$\phi(x) = \frac{1}{\sqrt{2\pi}}e^{-\frac{1}{2}x^2} \tag{3-52}$$

利用(3-51)可求得每一个残差 ε_j 的概率，即 $f(\varepsilon_i)$。显然 $f(\varepsilon_i)$ 越大，该残差所对应的样本的可靠性将越高，反之则越低，因此可根据 $f(\varepsilon_i)$ 来直接分配权重 p_i，即

$$p_i = f(\varepsilon_i) \tag{3-53}$$

在实际赤铁矿磨矿系统中，磨矿粒度将受矿石性质、设备参数(球磨机介质、分级机金属螺旋片尺寸)等因素的影响，而这些因素均随时间而发生变化，因此要求 RVFLN 具有在线学习的能力。然而上述所建立的鲁棒 RVFLN，属于批处理算法，随着测量数据的累积，学习时间将越来越长，并且为了保存这些数据需要增加额外的存储空间，从工程角度无法满足系统性能要求，因此，本书给出了上述算法的递归形式，采用这种递归算法的 RVFLN 称为在线鲁棒 RVFLN，具体算法如下：

首先,使用上述批学习算法式(3-46)～式(3-53),计算初始输出权值 $\hat{\boldsymbol{W}}_0$,即

$$\hat{\boldsymbol{W}}_0 = \boldsymbol{K}_0 \boldsymbol{H}_0^{\mathrm{T}} \boldsymbol{P}_0 \boldsymbol{Y}_0 \tag{3-54}$$

其中

$$\boldsymbol{K}_0 = (\boldsymbol{H}_0^{\mathrm{T}} \boldsymbol{P}_0 \boldsymbol{H}_0)^{-1} \tag{3-55}$$

式(3-54)中, $\boldsymbol{P}_0$ 为初始权重矩阵。

当新的数据块 $\{(\boldsymbol{x}_i,y_i)\}_{i=N+1}^{N+N_1}$ 产生时,式(3-47)可用如下方程表示:

$$\min_{\boldsymbol{W}} \left\| \begin{bmatrix} \boldsymbol{H}_0 \\ \boldsymbol{H}_1 \end{bmatrix} \boldsymbol{W} - \begin{bmatrix} \boldsymbol{Y}_0 \\ \boldsymbol{Y}_1 \end{bmatrix} \right\|^2 = \min_{\boldsymbol{W}} \begin{bmatrix} \boldsymbol{\varepsilon}_0 \\ \boldsymbol{\varepsilon}_1 \end{bmatrix}^{\mathrm{T}} \begin{bmatrix} \boldsymbol{P}_0 & 0 \\ 0 & \boldsymbol{P}_1 \end{bmatrix} \begin{bmatrix} \boldsymbol{\varepsilon}_0 \\ \boldsymbol{\varepsilon}_1 \end{bmatrix} \tag{3-56}$$

其中

$$\boldsymbol{H}_1 = \begin{bmatrix} \varphi(\boldsymbol{x}_1,b_1,\boldsymbol{x}_{N+1}) & \cdots & \varphi(\boldsymbol{x}_L,b_L,\boldsymbol{x}_{N+1}) \\ \vdots & \cdots & \vdots \\ \varphi(\boldsymbol{x}_1,b_1,\boldsymbol{x}_{N+N_1}) & \cdots & \varphi(\boldsymbol{x}_L,b_L,\boldsymbol{x}_{N+N_1}) \end{bmatrix}_{N_1 \times L} \tag{3-57}$$

$$\boldsymbol{Y}_1 = [y_{N+1},y_{N+1},\cdots,y_{N+N_1}]^{\mathrm{T}} \tag{3-58}$$

$$\boldsymbol{P}_1 = \mathrm{diag}\{p_{N+1},p_{N+2},\cdots,p_{N+N1}\} \tag{3-59}$$

式(3-56)的解为

$$\hat{\boldsymbol{W}}_1 = \boldsymbol{K}_1 \begin{bmatrix} \boldsymbol{H}_0 \\ \boldsymbol{H}_1 \end{bmatrix}^{\mathrm{T}} \begin{bmatrix} \boldsymbol{P}_0 & 0 \\ 0 & \boldsymbol{P}_1 \end{bmatrix} \begin{bmatrix} \boldsymbol{Y}_0 \\ \boldsymbol{Y}_1 \end{bmatrix} \tag{3-60}$$

其中

$$\begin{aligned} \boldsymbol{K}_1 &= \left(\begin{bmatrix} \boldsymbol{H}_0 \\ \boldsymbol{H}_1 \end{bmatrix}^{\mathrm{T}} \begin{bmatrix} \boldsymbol{P}_0 & 0 \\ 0 & \boldsymbol{P}_1 \end{bmatrix} \begin{bmatrix} \boldsymbol{H}_0 \\ \boldsymbol{H}_1 \end{bmatrix} \right)^{-1} \\ &= \left(\begin{bmatrix} \boldsymbol{H}_0^{\mathrm{T}} \boldsymbol{P}_0 & \boldsymbol{H}_1^{\mathrm{T}} \boldsymbol{P}_1 \end{bmatrix} \begin{bmatrix} \boldsymbol{H}_0 \\ \boldsymbol{H}_1 \end{bmatrix} \right)^{-1} \\ &= (\boldsymbol{H}_0^{\mathrm{T}} \boldsymbol{P}_0 \boldsymbol{H}_0 + \boldsymbol{H}_1^{\mathrm{T}} \boldsymbol{P}_1 \boldsymbol{H}_1)^{-1} \\ &= (\boldsymbol{K}_0^{-1} + \boldsymbol{H}_1^{\mathrm{T}} \boldsymbol{P}_1 \boldsymbol{H}_1)^{-1} \end{aligned} \tag{3-61}$$

利用 Sherman-Morrision-Woodbury 公式,即

$$(\boldsymbol{A}+\boldsymbol{BCD})^{-1} = \boldsymbol{A}^{-1} - \boldsymbol{A}^{-1}\boldsymbol{B}(\boldsymbol{C}^{-1}+\boldsymbol{DA}^{-1}\boldsymbol{B})^{-1}\boldsymbol{DA}^{-1} \tag{3-62}$$

可得

$$\begin{aligned} \boldsymbol{K}_1 &= \boldsymbol{K}_0 - \boldsymbol{K}_0 \boldsymbol{H}_1^{\mathrm{T}} (\boldsymbol{P}_1^{-1} + \boldsymbol{H}_1 \boldsymbol{K}_0 \boldsymbol{H}_1^{\mathrm{T}})^{-1} \boldsymbol{H}_1 \boldsymbol{K}_0 \\ &= (\boldsymbol{I} - \boldsymbol{Q}_1 \boldsymbol{H}_1) \boldsymbol{K}_0 \end{aligned} \tag{3-63}$$

其中

$$\boldsymbol{Q}_1 = \boldsymbol{K}_0 \boldsymbol{H}_1^{\mathrm{T}} (\boldsymbol{P}_1^{-1} + \boldsymbol{H}_1 \boldsymbol{K}_0 \boldsymbol{H}_1^{\mathrm{T}})^{-1} \tag{3-64}$$

由于

$$\begin{bmatrix} \boldsymbol{H}_0 \\ \boldsymbol{H}_1 \end{bmatrix}^{\mathrm{T}} \begin{bmatrix} \boldsymbol{P}_0 & 0 \\ 0 & \boldsymbol{P}_1 \end{bmatrix} \begin{bmatrix} \boldsymbol{Y}_0 \\ \boldsymbol{Y}_1 \end{bmatrix} = \boldsymbol{H}_0^{\mathrm{T}} \boldsymbol{P}_0 \boldsymbol{Y}_0 + \boldsymbol{H}_1^{\mathrm{T}} \boldsymbol{P}_1 \boldsymbol{Y}_1 \tag{3-65}$$

因此,可得

$$\hat{W}_1 = K_1(H_0^T P_0 Y_0 + H_1^T P_1 Y_1)$$
$$= (I - Q_1 H_1) K_0 H_0^T P_0 Y_0 + (I - Q_1 H_1) K_0 H_1^T P_1 Y_1$$
$$= \hat{W}_0 - Q_1 H_1 \hat{W}_0 + (K_0 H_1^T - Q_1(P_1^{-1} + H_1 K_0 H_1^T - P_1^{-1})) P_1 Y_1$$
$$= \hat{W}_0 - Q_1 H_1 \hat{W}_0 + Q_1 P_1^{-1} P_1 Y_1$$
$$= \hat{W}_0 + Q_1(Y_1 - H_1 \hat{W}_0) \tag{3-66}$$

对上述过程进行递推可得，当第 k 个数据块到来时，网络参数的更新算法如下：

$$\hat{W}_k = \hat{W}_{k-1} + Q_k(Y_k - H_k \hat{W}_{k-1}) \tag{3-67}$$
$$K_k = (I - Q_k H_k) K_{k-1} \tag{3-68}$$
$$Q_k = K_{k-1} H_k^T (P_k^{-1} + H_k K_{k-1} H_k^T)^{-1} \tag{3-69}$$

将上述在线鲁棒 RVFLN 方法称作 OR-RVFLN。对于一个 OR-RVFLN 模型，离线学习过程是必不可少的，这是因为，网络的隐含层节点的个数通常需要经过反复试验来确定，此外 RVFLN 中的输入权值与隐含层阈值的随机选取一定程度上增加了网络的不稳定性，离线学习是获取一个稳定的、性能良好的 RVFLN 的基础。因此 RVFLN 的学习包括离线和在线两个学习过程，整个学习如下：

[离线学习阶段]
① 选择隐含层节点数 L，随机分配 v_i 和 b_i。
② 从历史数据选择 N_0 组样本数据，采用 K 折交叉验证法将样本等分为 5 份，$(N_0/5 > L)$，分别进行 5 次实验，每一次选其中一组作为测试样本，其余为训练样本。
③ 在每次实验中，根据式(3-46)～式(3-53)估计模型参数。
④ 计算 5 次实验的估计误差均值，并判断是否满足要求。满足则给出 P_0，$\hat{W}_0$ 和 K_0，并进入在线学习阶段；不满足则调整隐含层节点 L，重新进行 5 折交叉验证试验。

[在线学习阶段]
① 设置 $k=1$。
② 当第 k 个采样数据块可用时，计算 H_k。
③ 根据 $\varepsilon = H_k \hat{W}_{k-1} - Y_k$ 求残差 ε，从而利用式(3-53)构造 P_k。
④ 根据式(3-67)～式(3-69)更新模型参数。
⑤ $k \leftarrow k+1$，返回步骤 2。

3.3.2　鲁棒性能评估

为了验证本书所提出的 RVFLN 的鲁棒性,利用 Benchmark 数据,将 OR-RVFLN 与传统的 RVFLN 以及两个常用的数据建模方法,即 BP 神经网络(BP-NN)和支持向量回归(support vector regression,SVR)方法进行仿真比较。所有的仿真均在 MATLAB 2010a 环境下运行,所使用的 PC 机的 CPU 为 i7,2.9G Hz CPU,内存为 4 GB RAM。BP-NN 与 SVR 算法的实现分别采用了 MATLAB 提供的神经网络工具箱和台湾大学林智仁博士开发的 LIBSVM 软件包,SVR 中的核函数为 RBF 径向基函数。对于传统 RVFLN 中的摩尔广义逆 $\boldsymbol{H}^+$ 的计算,采用 MATLAB 提供的 pinv( ) 函数来实现。此外,pinv( ) 函数还用来计算 $(\boldsymbol{H}^{\mathrm{T}}\boldsymbol{P}\boldsymbol{H})^+$ 从而替代式(3-49)中 $(\boldsymbol{H}^{\mathrm{T}}\boldsymbol{P}\boldsymbol{H})^+$ 矩阵求逆运算。

为了比较不同方法的估计性能,所采用的 Benchmark 数据集及其属性如表 3-1 所示。其中 sin C 由下式表示:

$$y(x)=\begin{cases}\sin(x)/x & x\neq 0 \\ 1 & x=0\end{cases} \tag{3-70}$$

表 3-1　　　　　　　　　　　　Benchmark 数据集属性

数据集	变量格式	输出变量	样本数
sin C	2	1	300
Airfoil Self-noise	6	1	1 503
Wine	12	1	4 898
Yacht	7	1	308
Concrete	9	1	1 023

其他数据集,即 Airfoil elf-noise,Wine,Yacht,Concrete data sets,均来自于加利福尼亚大学欧文分校(University of California, Irvine (UCI))提供的机器学习数据库。虽然这些数据本身存在一定的干扰,但为了验证本书方法在非高斯干扰下的鲁棒性,在训练样本的目标中人为增加了离群点。添加离群点的方法为:对每一个数据集,先后随机选取 10%,15%,20%,25% 和 30% 的训练样本,并按照 0.1 $y\times$ rand 来处理这些训练样本的目标值 y。以 Sin C 函数估计为例,图 3-4 给出了在 25% 离群点污染下所有方法的训练结果和测试结果。从图 3-4(a)可以看出,离群点数据远远偏离 Sin C 函数的正常输出。

仿真中对每一个数据集将不同算法分别进行 50 次实验,通过测试数据的均方根误差(root mean square error,RMSE)以及它们的标准差(standard deviations,Dev.)来比较方法在离群点影响的性能。对数据样本采用下式进行数据归一化处理:

$$\overline{x}(t)=\frac{x(t)-\min\{X\}}{\max\{X\}-\min\{X\}} \tag{3-71}$$

式中,$x(t)$为未经处理的数据输入值,X表示数据样本集,$\min\{X\}$和$\max\{X\}$分别表示数据样本中的最小值与最大值,$\overline{x}(t)$为归一化后的数据输入值。

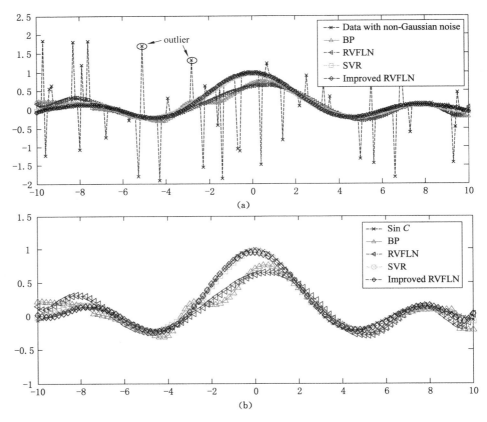

图 3-4　在 Sin C 测试函数下不同方法的实验结果

(a) 训练结果;(b) 测试结果

　　每一个方法的结构参数,如神经网络隐含层的节点数以及 SVR 的惩罚系数等,均是经过交叉验证实验确定的算法参数,如表 3-2 所示。所有算法在不同离群点污染率(0%,10%,15%,20%,25% 和 30%)下的实验结果如表 3-3 所示。图 3-6 绘制出了测试数据的平均均方根误差趋势。从图中可以看出,OR-RVFLN 在不同离群点数量下始终保持良好的鲁棒性。

表 3-2　　　　　　　算法参数

数据集	BP 隐含层节点数	SVR c,γ	RVFLN 隐含层节点数	OR-RVFLN 隐含层节点数
Sin C	7	100, 0.25	20	20
Airfoil Self-noise	20	16, 0.20	40	40
Wine	24	50, 0.55	60	60
Yacht	16	64, 0.65	45	45
Concrete	22	200, 0.35	80	80

表 3-3　　　　不同方法下测试结果的均方根误差与标准差的比较

Problems	Algorithms	Testing RMSE and standard deviation (Dev.)					
		Contamination rate/%					
		0	10	15	20	25	30
		(RMSE, Dev.)	(RMSE, Dev.)	(RMSE, Dev.)	(RMSE, Dev.)	(RMSE, Dev.)	(RMSE, Dev.)
Sin C	BP	0.0224, 0.0035	0.1261, 0.0162	0.1323, 0.0201	0.1768, 0.0233	0.1975, 0.0241	0.2639, 0.0342
	SVR	0.0083, 0.0007	0.0112, 0.0010	0.0155, 0.0019	0.0199, 0.0013	0.0245, 0.0021	0.0312, 0.0030
	RVFLN	0.0072, 0.0008	0.0524, 0.0046	0.1152, 0.0123	0.1376, 0.0165	0.1509, 0.0198	0.1766, 0.0219
	OR-RVFLN	0.0072, 0.0008	0.0092, 0.0011	0.0115, 0.0012	0.0134, 0.0015	0.0167, 0.0017	0.0183, 0.0023
Airfoil Self-noise	BP	0.6386, 0.0472	0.7832, 0.0489	0.7456, 0.0534	0.8456, 0.0573	0.8953, 0.0601	0.9455 0.05901
	SVR	0.5383, 0.0453	0.6432, 0.0472	0.6454, 0.0497	0.7551, 0.0528	0.7962, 0.0534	0.8345, 0.0598
	RVFLN	0.5221, 0.0358	0.6782, 0.0576	0.7755, 0.0542	0.8865, 0.0643	0.9325, 0.0696	0.9754, 0.0734
	OR-RVFLN	0.5023, 0.0353	0.5326, 0.0345	0.5785, 0.0436	0.5985, 0.0532	0.6125, 0.0537	0.6439, 0.0539
Wine	BP	0.7534, 0.0452	1.7081, 0.0543	2.0447, 0.0588	2.6603, 0.0642	2.8451, 0.0653	2.9328, 0.0689
	SVR	0.7133, 0.0215	1.4342, 0.0235	1.7642, 0.0286	1.8756, 0.0332	2.1353, 0.0356	2.2341, 0.0396
	RVFLN	0.7510, 0.0313	1.6704, 0.0332	1.9983, 0.0466	2.1488, 0.0489	2.3983, 0.0486	2.4884, 0.0495
	OR-RVFLN	0.6134, 0.0342	0.6442, 0.0356	0.6342, 0.0456	0.8487, 0.0438	0.8157, 0.0453	0.9263, 0.0524
Yacht	BP	0.3931, 0.0738	0.9351, 0.1053	1.7315, 0.2015	2.4522, 0.5345	2.9663, 0.7545	3.8653, 0.7954
	SVR	0.1121, 0.0126	0.4112, 0.0217	0.5523, 0.0619	0.7345, 0.0884	0.8545, 0.0845	0.9652, 0.0899
	RVFLN	0.2012, 0.0284	0.5542, 0.0832	0.8120, 0.1433	1.2552, 0.2742	1.4242, 0.3236	1.7686, 0.0411
	OR-RVFLN	0.2011, 0.0268	0.2592, 0.0634	0.2741, 0.0601	0.4013, 0.0834	0.4976, 0.0864	0.6452, 0.0948
Concrete	BP	12.3883, 1.3314	13.2641, 1.0466	13.9776, 2,6201	15.8864, 2.3432	16.2344, 3.2423	17.2941, 4.0342
	SVR	11.2321, 1.1374	11.3230, 1.2125	12.5673 1.7565	12.1572, 1.8649	13.2442, 1.9532	14.8473, 2.2843
	RVFLN	11.9504, 1.8624	13.0324, 1.9642	13.9542, 1.9342	15.3322, 2.0432	16.1069, 2.3068	17.4334, 3.8243
	OR-RVFLN	11.8321, 1.6351	11.9231, 1.6358	12.2588, 1.8111	12.8572, 1.7649	12.9442, 1.9532	13.3420, 2.0751

为了进一步比较不同方法在离群点污染下的鲁棒性能,本书首先根据样本中离群点污染率的情况,分为低污染水平(0~20%),高污染水平(25%~30%),然后利用如下指标来对不同的方法进行评价。

(a) 在相同的离群点污染率中的平均 RMSE。

(b) 在相同的离群点污染率中的 RMSE 标准差。

(c) 在低污染率中,平均 RMSE 的变化(最大值－最小值)范围。

(d) 在高污染率中,平均 RMSE 的变化(最大值－最小值)范围。

对于上述指标,其值越小越好,因此,如果其中一个算法在上述指标中的任意一个具有最小值,那么此算法在这项指标中的得分为 1,其他算法为 0。例如,在 Sin C 函数的回归问题中,对离群点污染率为 20% 的情况,本书所提的 OR-RV-FLN 算法相比其他算法,能够获得最小的平均 RMSE,因此 OR-RVFLN 在离群点污染率 20% 的平均 RMSE 这项指标中的得分为 1,其他算法为 0。对于每个算法在低污染率和高污染率下的得分总和分别定义为 subtotal(a)和 subtotal(b)。此外定义 subtotal(c)为数据受污染(污染率为 10%~30%)下,算法获得最小平均 RMSE 的得分。subtotal(a)~subtotal(c)分别表示每个算法在不同离群点污染水平下的鲁棒性,得分越高,鲁棒性越好。subtotal(a)~subtotal(c)的和定义为 Total (a)＋(b)＋(c),用于评价算法的整体鲁棒性。表 3-5 给出了所有算法在评价指标下的得分。从中可以看出,OR-RVFLN 在各个离群点污染水平中均具有最高的得分,其次是 SVR,而 BP 与传统 RVFLN 对离群点的干扰能力较差。

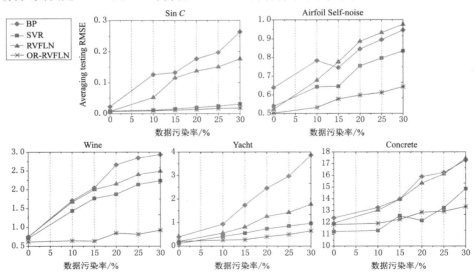

图 3-5 不同方法的测试均方根误差趋势

表 3-4 算法鲁棒性评估

算法	得　分									Total (a)+ (b)+ (c)
	0～20%				25%～30%				10%～30% RMSE Min (c)	
	RMSE		Dev.	Subtotal	RMSE		Dev.	Subtotal		
	Min	Range	Min	(a)	Min	Range	Min	(b)		
BP	0	0	0	0	0	0	0	0	0	0
SVR	3	2	12	17	0	1	4	5	1	23
RVFLN	1	0	0	1	0	0	0	0	0	1
OR-RVFLN	17	3	13	33	10	4	6	20	4	57

3.3.3 赤铁矿磨矿粒度误差补偿模型

由 2.2.2 节的特性分析可知,在设备参数长时间稳定的情况下,赤铁矿磨矿粒度取决于所处理的矿石性质 B(矿石粒度 B_1 和可磨性 B_2)、磨机给矿量 y_1、磨机入口给水流量 y_2、分级机溢流浓度 y_3。其中由于矿石粒度 B_1 和可磨性 B_2 难以在线标定与检测,因此无法作为磨矿粒度误差补偿模型的辅助变量。为此需要寻找能够反映矿石粒度 B_1 和可磨性 B_2 变化的数据,并利用这些数据结合磨机给矿量 y_1、磨机入口给水流量 y_2、分级机溢流浓度 y_3,采用上文所提出的在线鲁棒随机权网络 OR-RVFLN 来实现赤铁矿磨矿粒度误差的补偿。

由特性分析可知,当给矿粒度 B_1 和可磨性 B_2 发生变化时,磨机排矿粒度也随之发生改变。由式(3-13)～式(3-16)可知,分级机的溢流粒度和底流粒度均与磨机排矿粒度密切相关,通常磨机排矿粒度变粗或变细,分级机的溢流粒度和底流粒度也将发生相同的变化。而底流粒度的粗细决定了分级机返砂矿浆中的固体含量,其变化将直接导致分级机返砂量发生改变。文献[203]根据实验数据绘制出了分级机的电流 c_2 与返砂量之间的关系曲线,如图 3-6 所示。从图中可以看出,电流随着返砂量的增加而增加,两者呈近似线性关系。因此分级机电流 c_2 可一定程度上反映出矿石性质 B 的变化。

此外,由于赤铁矿的磨机负荷是由新给矿、水和分级机返砂三部分决定,因此分级机返砂量的变化,必将引起磨机负荷的变化,影响磨机效率,从而进一步改变磨机排矿粒度以及磨矿粒度 r。由于磨机电流 c_1 直接表征磨机负荷及其变化趋势,因此通过磨机电流 c_1 也可在一定程度上获知矿石性质 B 的变化。

通过上述分析可知,利用磨机电流 c_1、分级机电流 c_2、磨机给矿量 y_1、磨机入口给水流量 y_2 以及分级机溢流浓度 y_3 数据可估计赤铁矿磨矿粒度,因此采用 OR-RVFLN 建立的误差补偿模型就是要实现以下的数据映射:

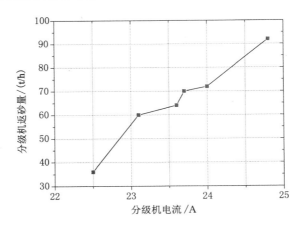

图 3-6　基于实验数据绘制的分级机电流－返砂量曲线

$$\{\Delta \tilde{r}\} \leftarrow \{c_1, c_2, y_1, y_2, y_3\} \tag{3-72}$$

其中 $\{c_1, c_2, y_1, y_2, y_3\}$ 即为误差补偿模型的输入，$\Delta \tilde{r}$ 为模型的输出，用于补偿机理模型输出 $\tilde{r}_{\text{main}}$ 与实际值 r 之间的误差。此时，赤铁矿磨矿粒度软测量值为：

$$\tilde{r} = \tilde{r}_{\text{main}} + \Delta \tilde{r} \tag{3-73}$$

　　在实际现场的生产过程中，所采集的模型输入数据会受到噪声污染，如果不对其进行有效处理，将严重影响模型精度。本书为了有效消除输入数据测量干扰的影响，采用 FIR 滤波算法对 c_1、c_2、y_1、y_2 和 y_3 数据进行预处理。以磨机给矿量 y_1 为例，经数据预处理后的数据为：

$$\tilde{Y}_1(k) = \lambda_0 y_1(k) + \lambda_1 y_1(k-n) + \cdots + \lambda_{N-1} y_1(k-(N-1)n) \tag{3-74}$$

其中，$\lambda_0, \cdots, \lambda_{N-1}$ 为权系数，$N = 20$，设 $\lambda_0 = 1$，其余系数按使 $|z^{N-1} + \lambda_1 z^{N-2} + \cdots + \lambda_{N-1}|$ 稳定来进行选择。为方便起见，经滤波后的数据仍用滤波前的符号表示，如 $\tilde{Y}_1(k)$ 仍用 $y_1(k)$ 表示。

3.4　仿真实验与结果

　　针对误差补偿模型，为了对比不同算法对机理模型建模误差的补偿效果，实验中对每一种算法分别进行 50 次实验，通过记录测试数据的平均 RMSE 和 Dev 来比较算法的性能。图 3-7 为采用不同算法对磨矿粒度机理模型估计误差进行补偿后的部分实验结果，其他实验结果与此类似。从表 3-5

对 RMSE 和 Dev 的统计结果可以看出,本书所提的 OR-RVFLN 可获得最小的估计误差,SVR 次之,BP 的精度最差,这也可从估计值与实际值的互相关曲线(图 3-8)。

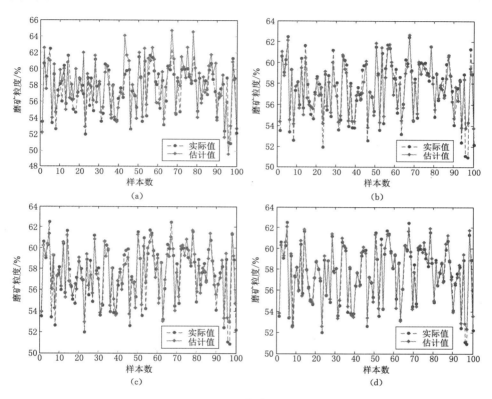

图 3-7　估计结果

(a) BP;(b) SVR;(c) RVFLN;(d) OR-RVFLN

表 3-5　不同补偿算法 BP, SVR, RVFLN, OR-RVFLN 的参数与结果

Algorithms	Training			Training			Parameters
	RMSE	Dev.	Time/s	RMSE	Dev.	Time/s	
BP	1.4021	0.3814	10.421	2.2016	0.4571	0.1145	17 (hidden nodes)
SVR	0.4203	0.0132	151.24	0.5721	0.0160	1.3981	$c=2.5, \gamma=0.5$
RVFLN	0.7213	0.0656	0.1751	0.7211	0.0611	0.0671	28 (hidden nodes)
OR-RVFLN	0.2741	0.0742	0.3830	0.3572	0.0841	0.0878	28 (hidden nodes)

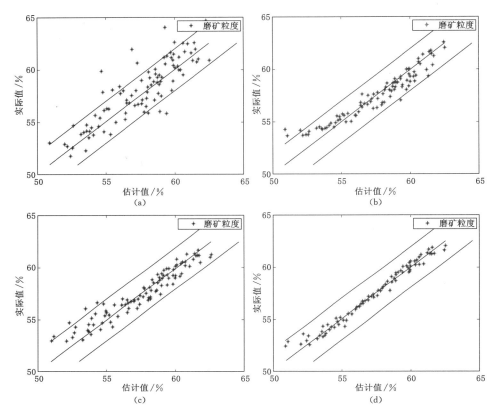

图 3-8　估计值与实际值

(a) BP；(b) SVR；(c) RVFLN；(d) OR-RVFLN

　　为了进一步验证不同算法对磨矿粒度软测量误差的补偿能力,下面对其中一次实验的测试误差序列进行分析,如果误差序列为零均值的白噪音,则认为模型是可靠的。本书采用自相关函数检验法分析误差序列是否近似为白噪音。图 3-9 为在不同方法下的误差归一化之后的自相关函数。从图中可以看出,采用本书所提方法建立的磨矿粒度软测量模型可使估计误差序列的自相关系数基本都落在置信度95%的置信区间即±0.198 内,这表明误差序列为白噪音的可信度为95%。因此认为误差序列为白噪声序列,从而进一步说明本书所提磨矿粒度软测量算法的有效性。

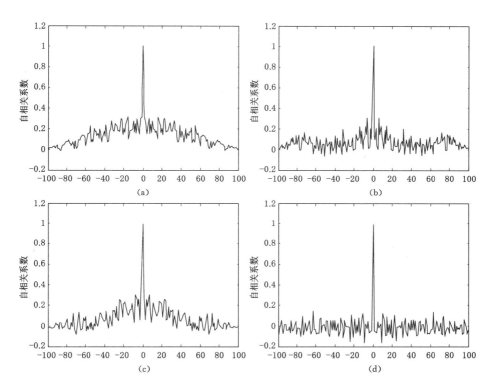

图 3-9　估计误差自相关函数

（a）BP；（b）SVR；（c）RVFLN；（d）OR-RVFLN

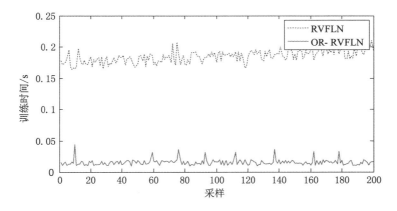

图 3-10　在线训练时间

在实际应用时需要在线校正磨矿粒度软测量误差补偿模型参数,图 3-10 给出了本书所提 OR-RVFLN 和传统 RVFLN 方法的在线计算负荷。从图中可以看出,OR-RVFLN 由于采用递归算法,因此与传统 RVFLN 相比,计算负荷较小且稳定,始终保持在 0.02 s。而传统 RVFLN 在线计算负荷大于 0.17 s,并且随着系统的运行,数据将逐渐积累,其计算时间也越来越长。因此,OR-RVFLN 更适合于工程应用。

3.5　本章小结

本章针对赤铁矿磨矿粒度难以在线检测的问题,提出一种机理与数据混合驱动的软测量模型,其由磨矿粒度主模型和误差补偿模型组成。磨矿粒度主模型采用物料平衡获得,并采用灵敏度分析与 Prey-Predator 优化对模型参数进行了优选;误差补偿模型采用一种改进的随机权神经来实现,其将一种核密度估计方法用于对训练样本进行加权处理,以提高数据驱动模型的鲁棒性。

第 4 章　基于强化学习的赤铁矿磨矿过程运行优化控制方法

4.1　控制方法的结构与功能

磨矿粒度 $r_1(t)$ 和循环负荷 $r_2(t)$ 不仅反映了磨矿能耗水平,还影响选厂的精矿品位和金属回收率等重要生产指标,因此被看做是磨矿生产的两个关键运行指标。运行指标的过大或过小均将导致磨矿过程的非最优运行。因此,若要实现磨矿过程的提质增效,其必然要求是在工况环境变化时,能够将运行指标磨矿粒度 $r_1(t)$ 和循环负荷 $r_2(t)$ 控制在一定的范围之内,并尽可能的接近其期望值,即实现如下性能指标的极小。

$$\min J(t) = \frac{1}{2}\sum_{i=t}^{\infty}\gamma^{i-t}(r(i)-r^*(i))^{\mathrm{T}}\boldsymbol{R}(r(i)-r^*(i))$$
$$= \frac{1}{2}\sum_{i=t}^{\infty}\gamma^{i-t}U(i) \tag{4-1}$$

其中,$r(t)=[r_1(t),\ r_2(t)]^{\mathrm{T}}$;$\boldsymbol{R}$ 为正定矩阵;γ 为加权因子,$0<\gamma<1$。

本章提出一种基于增强学习的磨矿过程运行优化控制方法,如图 4-1 所示。所提方法根据磨矿粒度和循环负荷的期望值与实际值,利用所建立的 Q 函数网络模型优化回路设定值,并利用实时运行数据计算 TD(Temporal Difference)误差,从而更新 Q 函数网络模型,实现算法的强化学习。

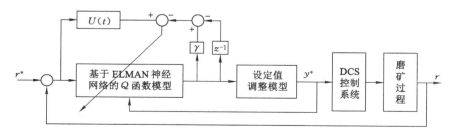

图 4-1　基于增强学习的磨矿过程运行优化控制结构图

4.2 基于强化学习的运行优化控制方法

磨矿过程运行优化控制的目标是寻找模型未知的非线性系统的最优回路设定值 $y^*(t)$，使得运行指标跟踪其期望值，即使性能指标函数(4-1)最小。显然，$y^*(t)$ 难以通过求解 Hamilton-Jacobi-Bellman(HJB)方程获得。

为实现上述目标，本书采用无模型强化学习在线求解。

首先根据性能指标(4-1)，定义 Q 函数：

$$Q(t)=U(t)+\gamma Q(t+1) \tag{4-2}$$

强化学习框架下，设定值优化策略可在策略评价即 $Q(t)=U(t)+\gamma Q(t+1)$ 与策略改进即 $y^*(t)=\mathrm{argmin}Q(t)$ 之间，反复利用数据进行在线更新获得的。

4.2.1 基于 ELMAN 神经网络的 Q 函数模型

为了更好地提高策略评价品质，本书采用 Elman 递归神经网络来实现 Q 函数，如图 4-2 所示。

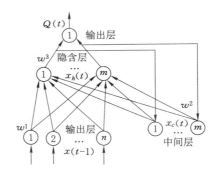

图 4-2　基于 Elman 的 Q 函数网络模型

设网络的输入为 $x(t)=[x_1(t),\ x_2(t),\cdots,x_4(t)]^\mathrm{T}=[e_1(t),e_2(t),y_1^*(t),$ $y_2^*(t)]^\mathrm{T}$，其中 $e_1(t)=r_1^*(t)-r_1(t)$，$e_2(t)=r_2^*(t)-r_2(t)$。$x_c(t)$ 和 $x_h(t)$ 分别表示中间层和隐含层的输出，$Q(t)$ 表示输出层的输出，$w^1(t)$ 为输入层与隐含层的连接权，$w^2(t)$ 为中间层与隐含层的连接权，$w^3(t)$ 为隐含层与输出层的连接权，$w^c(t)$ 为隐含层输出与中间层的连接权，其值为 1。Elman 神经网络的数学模型为：

$$\begin{cases} Q(t)=g(w^3 x_h(t)) \\ x_h(t)=f(w^1 x(t-1)+w^2 x_c(t)) \\ x_c(t)=x_h(t-1) \end{cases} \qquad (4\text{-}3)$$

神经网络隐含层的激活函数取 $f(x)=2/(1+e^{-2x})-1$，输出激活函数取 $g(x)=x$。带入式(4-3)中，由此可得网络输出表示为：

$$\begin{aligned} Q(t) &= \sum_{j=1}^{m} w_{1j}^3 x_{hj}(t) = w^3 x_h(t) \\ &= \sum_{j=1}^{m} w_{1j}^3 f\left(\sum_{i=1}^{n} w_{ji}^1 x_i(t-1) + \sum_{l=1}^{m} w_{jl}^2 x_{hl}(t-1)\right) \end{aligned} \qquad (4\text{-}4)$$

其中，w_{ji}^1，w_{jl}^2 分别表示输入层第 i 个神经元与隐含层第 j 个神经元的连接权值，隐含层第 j 个神经元与中间层第 l 个神经元的连接权值，这两个权矩阵随机生成并在学习过程中保持不变；w_{1j}^3 表示隐含层第 j 个神经元与输出层之间的连接权值；$x_{hl}(t-1)$ 为隐含层第 l 个神经元 $t-1$ 时刻的输出，隐含层节点数为 m 个。

Q 函数网络模型的学习过程是循环地减少对相邻时刻的 Q 值估计之间的差异，在这个意义上，学习是更广泛的时间差分算法的特例，定义 TD 误差如下：

$$\delta_{TD}(t)=U(t)+\gamma Q(t+1)-Q(t) \qquad (4\text{-}5)$$

因此，定义学习误差：

$$E(t)=\frac{1}{2}\delta_{TD}(t)^2 \qquad (4\text{-}6)$$

采用 Levenberg-Marquardt(LM)算法，通过使式(4-6)极小以校正 w^3 权值，来实现对 Q 函数网络模型的在线学习。权值更新的具体过程为：

$$\Delta w^3 = -\alpha(J^{\mathrm{T}}(t)J(t)+\mu I)^{-1}J^{\mathrm{T}}(t)\delta_{TD}(t) \qquad (4\text{-}7)$$

其中，α 为学习率，$J(t)$ 为 $\delta_{TD}(t)$ 对 w^3 的雅可比矩阵。

$$J(t)=\frac{\partial \delta_{TD}(t)}{\partial w^3}=\frac{\partial Q(t)}{\partial w^3}=x_h(t)^{\mathrm{T}} \qquad (4\text{-}8)$$

将式(4-8)带入式(4-7)可得

$$\Delta w^3 = -\alpha(x_h(t)x_h(t)^{\mathrm{T}}+uI)^{-1}x_h(t)\delta_{TD}(t) \qquad (4\text{-}9)$$

因此，隐含层和输出层的权值更新表达式为：

$$w^3 \leftarrow w^3 + \Delta w^3 \qquad (4\text{-}10)$$

下面对 Q 函数网络模型的收敛性进行分析，由于 Elman 学习过程的收敛性与相应的学习率密切 α 相关，因此，本文对 Q 函数网络模型收敛的学习率 α 取值范围进行研究。

定义离散的 Lyapunov 函数为：

$$L(t) = \frac{1}{2}\delta_{TD}^2(t) \tag{4-11}$$

则

$$\Delta L(t) = \Delta\delta_{TD}(t)\left(\delta_{TD}(t) + \frac{1}{2}\Delta\delta_{TD}(t)\right) \tag{4-12}$$

其中，$\Delta\delta_{TD}(t) = \delta_{TD}(t+1) - \delta_{TD}(t)$。

设 w^3 为神经网络权值，根据全微分定理有

$$\Delta\delta_{TD}(t) = \frac{\partial\delta_{TD}(t)}{\partial w^3}\Delta w^3 \tag{4-13}$$

定理 1 若网络学习率 α 满足：

$$\alpha < \frac{2}{x_h(t)^{\mathrm{T}}(x_h(t)x_h(t)^{\mathrm{T}} + \mu I)^{-1}x_h(t)} \tag{4-14}$$

则网络的学习过程是收敛的。

证明：根据式(4-8)得

$$\frac{\partial\delta_{TD}(t)}{\partial w^3} = x_h(t)^{\mathrm{T}} \tag{4-15}$$

将式(4-9)和式(4-15)带入式(4-13)得：

$$\Delta\delta_{TD}(t) = -\alpha x_h(t)^{\mathrm{T}}(x_h(t)x_h(t)^{\mathrm{T}} + \mu I)^{-1}x_h(t)\delta_{TD}(t) \tag{4-16}$$

将式(4-16)带入到式(4-12)，得：

$$\Delta L(t) = -\alpha\delta_{TD}^2(t)x_h(t)^{\mathrm{T}}(x_h(t)x_h(t)^{\mathrm{T}} + \mu I)^{-1}x_h(t)\times$$
$$\left(1 - \frac{1}{2}\alpha x_h(t)^{\mathrm{T}}(x_h(t)x_h(t)^{\mathrm{T}} + \mu I)^{-1}x_h(t)\right) \tag{4-17}$$

因为 $(x_h(t)x_h(t)^{\mathrm{T}} + \mu I)^{-1}$ 是正定的，所以只要

$$1 - \frac{1}{2}\alpha x_h(t)^{\mathrm{T}}(x_h(t)x_h(t)^{\mathrm{T}} + \mu I)^{-1}x_h(t) > 0 \tag{4-18}$$

则 $\Delta L(t) < 0$，并且仅当 $\delta_{TD}(t) = 0$ 时，$\Delta L(t) = 0$。解不等式(4-18)即可得到式(4-14)。当式(4-14)成立时，$L(t) > 0$ 且 $\Delta L(t) < 0$，根据离散系统的 Lyapunov 定理可得神经网络学习收敛。

4.2.2 设定值调整模型

在增强学习过程中，如何利用 Q 函数网络模型设计设定值 $y^*(t+1) = [y_1^*(t+1), y_2^*(t+1)]^{\mathrm{T}}$ 的最优控制率在优化磨矿运行过程中非常关键。由于最优设定值的定义为 $y^*(t) = \arg\min Q(t)$，因此，设定值调整模块是在所建立的 Q 函数网络模型基础上，采用基 Boltzman-Gibbs 分布，依据式(4-19)所计算出的概率来选择最优的设定值。算法将较高 Q 值所对应的非最优设定值被选

择的概率设置较低,而最优设定值被选择的概率设置较高,因此可在一定的探索下,以较高的概率决策出最优的设定值。

$$P(y^*(k)) = 1 - \frac{\exp(Q(y^*(k))/T_t)}{\sum_{\overline{y^*}} \exp(Q(\overline{y^*})/T_t)} \tag{4-19}$$

其中$\overline{y^*}$为备选的设定值;T_t为温度参数,采用模拟退火算法在线调节算法探索水平,在算法开始时所有设定值被选择的概率接近,以探索最优设定值,而随着学习时间的增加,减少探索以保证算法的稳定性。

$$\begin{cases} T_0 = T_{\max} \\ T_{t+1} = T_{\min} + \psi(T_t - T_{\min}) \end{cases} \tag{4-20}$$

其中 $T_{\max}$、$T_{\min}$分别为温度的最大值和最小值;ψ为退火因子。

4.3　仿真实验与结果

为了验证本章提出的基于增强学习的磨矿过程设定值优化方法的有效性,采用冶金流程模拟软件 MetSim 搭建了磨矿流程模拟系统,在此基础上进行仿真实验研究。Metsim 是由澳大利亚开发的一种通用的专门用于冶金过程的流程模拟软件,本章利用其丰富的磨矿模型库搭建了以磨机给矿量和分级机入口给水量为输入、以磨矿粒度和循环负荷为输出的磨矿流程模型,并以某选矿厂实际磨矿生产数据配置了工艺设备参数与矿石组分等仿真参数,达到模拟实际磨矿流程的目的,如图 4-3 所示。

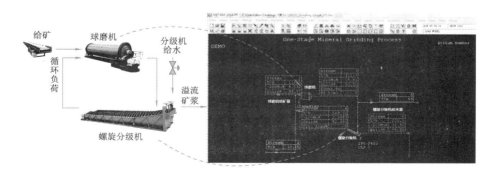

图 4-3　基于 MetSim 的磨矿流程模拟仿真系统

本文所提出的控制方法采用 MatLab 软件实现,为满足仿真需求,开发了 DDE 接口实现 MatLab 控制软件与 Metsim 模拟软件的数据交互,形成整个系统的闭环回路控制。此外,通过此数据接口,实现了矿石硬度、粒度分布等边界条件的在线调整以及球磨机、分级机等工艺设备参数的修改,便于模拟磨矿过程中的各种工况。

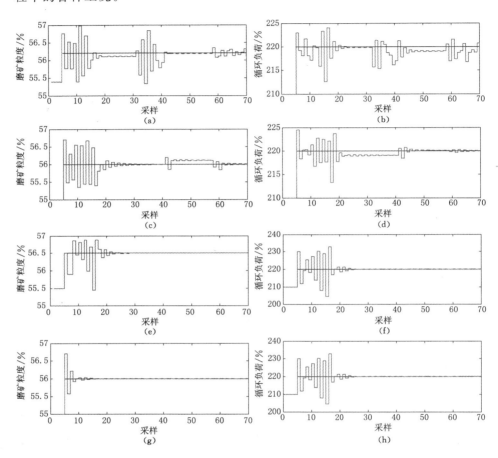

图 4-4　学习过程中的磨矿粒度与循环负荷的控制效果

(a)第 1 次学习下的 r_1;(b)第 1 次学习下的 r_2;(c)第 5 次学习下的 r_1;(d)第 5 次学习下的 r_2;
(e)第 10 次学习下的 r_1;(f)第 10 次学习下的 r_2;(g)第 15 次学习下的 r_1;(h)第 15 次学习下的 r_2

首先在加权因子 γ 为 0.8,Q 函数网络模型的网络隐含层和中间层节点为 17,学习率 α 为 0.05,以及网络权值 w',$w^{2'}$,$w^{3'}$ 随机初始化的设置下,以磨矿粒度 $r_1^* = 56\%$ 和循环负荷 $r_2^* = 220\%$ 为控制目标进行实验,将 70 个采样周期定义为一个学习过程。图 4-4 给出了第 1 次,第 5 次,第 10 次和第 15 次的学习过程。从图中可以看出,在第一次学习过程中,磨矿粒度 r_1 与循环负荷 r_2 并未能控制到其期望值,从而所提方法在本次计算结果的基础上进行学习;在第 5

次学习过程中,通过对回路设定值的优化可将磨矿粒度 r_1 与循环负荷 r_2 控制在其期望值附近,但调节时间较长,在 70 个采样周期仍存在波动;随着学习过程次数的增加,磨矿粒度 r_1 与循环负荷 r_2 的调节时间逐渐缩短,在第 15 次学习过程中,可保证在 15 个采样周期内即可实现运行控制的目标。

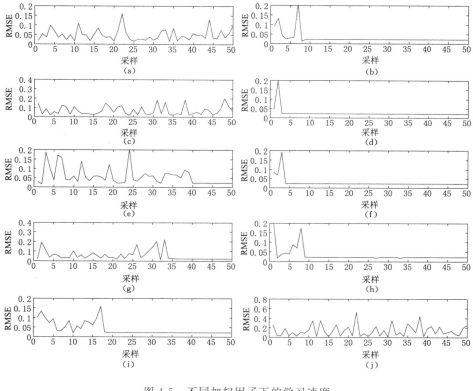

图 4-5　不同加权因子下的学习速度

(a) $\gamma=0.1$;(b) $\gamma=0.2$;(c) $\gamma=0.3$;(d) $\gamma=0.4$;
(e) $\gamma=0.5$;(f) $\gamma=0.6$;(g) $\gamma=0.7$;(h) $\gamma=0.8$;(i) $\gamma=0.9$;(j) $\gamma=0.99$

所提方法中的加权因子 γ、Q 函数网络模型的网络隐含层和中间层节点、学习率 α 均影响算法的学习速度。目前为止,这些参数的设置尚缺乏理论依据,因此通常采用实验的方式来确定。从实验研究发现,在一定范围内选择网络结构和学习率即可保证 Q 函数网络模型的学习效果,而不同的加权因子 γ 则对整个学习过程的速度影响较大,图 4-5 给出了加权因子 γ 从 $0.1 \sim 1$ 之间变化时的运行指标的均方根控制误差,即

$$RMSE = \sqrt{\frac{\sum_{t=1}^{n} \| r(t) - r^*(t) \|}{n}} \tag{4-21}$$

其中，$n=70$ 为采用周期。

从图 4-5 可以看出加权因子 γ 为 0.7 时，经过四次学习即可实现算法收敛，并且获得的均方根误差最小，说明此时算法具有最快的学习速度以及最短的调节时间，设定值最优。因此，本书在不同运行工况下均将加权因子 γ 设置为 0.7。

图 4-6(a)、(b)给出了加权因子 γ 为 0.7 时，进行 15 次学习后的运行指标控制曲线，相应的设定值调整曲线如图 4-6(c)、(d)所示。出图中可以看出，当磨矿粒度 r_1 在第 5 个采样周期，由 55% 变到 56%，循环负荷 r_2 由 210% 提高 215%，此时原有磨机给矿和分级机入口补加水量无法再满足控制要求。此时，所提方法通过 Q 函数网络模型的实时计算输出，在线不断优化磨机给矿 y_1 和分级机入口补加水量 y_2 的设定值，经过 10 个采样周期的调整最终将运行指标控制在期望值。图 4-6(e)、(f)分别给出了控制过程中 Q 函数网络模型的输出与 TD 误差，反映出所提方法根据运行反馈信息不断在线学习的过程。

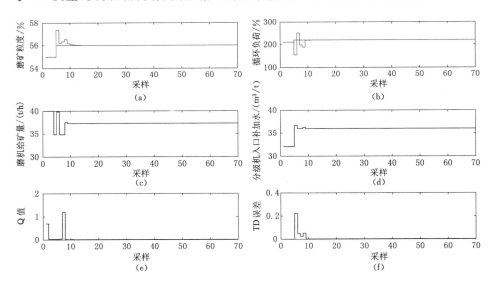

图 4-6　特定工况下的控制效果

(a) 磨矿粒度；(b) 循环负荷；(c) 磨机给矿量设定值；

(d) 分级机入口补加水量设定值；(e) Q 值；(f) TD 误差

4.4　本章小结

本章提出了基于增强学习的磨矿过程运行优化控制方法,采用 Elman 神经网络建立函数模型,进而基于 Boltzman-Gibbs 分布调整回路设定值,并且通过 LM 算法更新 Q 函数模型的网络权值,实现在线学习。利用 Metsim 模拟磨矿动态过程,以此进行了仿真研究。结果表明了本章所提方法能够在线优化设定值,实现对运行指标进行优化控制的目的。

第5章　面向生产安全的赤铁矿磨矿过程运行优化控制方法

本章将神经网络、案例推理与规则推理技术相结合,提出了由回路设定值优化和负荷异常工况诊断与自愈控制所组成的数据驱动的赤铁矿磨矿过程运行优化控制方法,以保证系统安全运行和磨矿粒度的优化控制。本章所提方法在第6章的组态软件平台进行了开发,并在第6章所述的半实物仿真系统上进行了实验研究。

5.1　控制方法的结构与功能

根据对赤铁矿磨矿过程的动态机理进行分析,确定影响磨矿过程安全运行和磨矿粒度的关键过程变量为磨机给矿量 y_1、磨机入口给水流量 y_2、分级机溢流浓度 y_3。其中,磨机给矿量 y_1 是保证磨矿产品质量、稳定磨矿过程的重要因素,生产过程中不仅要实现磨机给矿量的稳定,使其不波动或波动范围很小,同时还要从经济效益的角度应保证磨机的最大处理能力;磨机入口给水流量 y_2 用于提供合适的磨矿浓度,是实现磨机磨矿效率高低的关键因素,给水流量 y_2 不合适,将使磨矿浓度过高或过低,容易导致磨机负荷异常工况的发生;分级机溢流浓度 y_3 除直接与磨矿粒度相关外,还将影响分级机返砂,从而影响磨矿过程的安全与稳定,因此分级机溢流浓度 y_3 是实现磨矿安全运行与磨矿粒度最优控制的重要环节。因此,实现赤铁矿磨矿过程运行控制目标可通过调节磨机给矿量 y_1、磨机入口给水流量 y_2、分级机溢流矿浆浓度 y_3 来实现,为此设置基础回路控制系统用于对这三个关键过程变量进行设定值跟踪控制。

由于赤铁矿原矿矿石成分和性质不稳定以及设备结构参数的缓慢变化,使得赤铁矿磨矿过程生产运行的工况条件显著时变,其对应的最优运行工作点也会相应改变。当边界条件变化剧烈时,即原矿粒度和可磨性与之前存在较大的差异时,如果不能及时将关键过程变量调整到与最优运行工作点相对应的值附近,容易导致磨机"过负荷"或"欠负荷"异常运行工况的发生,为此设置运行优化控制用于根据当前的生产运行工况对这三个关键过程变量的设定值进行在线调节。此外,由于运行优化控制的实现需要使用磨矿粒度的在线信息,因此设置一个赤铁矿磨矿粒度软测量模块。

实现安全运行生产下磨矿粒度优化控制的运行控制方法如图 5-1 所示,各部分功能如下:

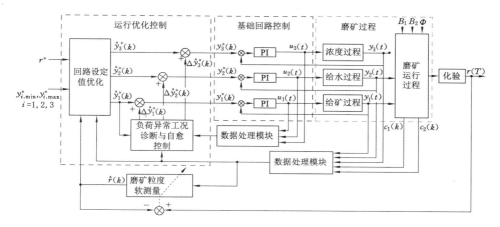

图 5-1　面向生产安全的赤铁矿磨矿过程运行优化控制结构

（1）磨矿粒度软测量

磨矿粒度软测量根据磨机给矿量 y_1、磨机入口给水流量 y_2、分级机溢流矿浆浓度 y_3、磨机电流 c_1 和分级机电流 c_2,采用由基于物料平衡的磨矿粒度主模型和基于在线鲁棒随机权神经网络的误差补偿模型组成的磨矿粒度软测量模型,给出磨矿粒度指标的在线估计值 $\hat{r}$,为运行优化控制提供实时的磨矿粒度信息。此部分采用本书第 3 章所提出的方法来实现。

（2）运行优化控制

根据运行控制目标,利用磨机给矿量 y_1、磨机入口给水流量 y_2、分级机溢流矿浆浓度 y_3、磨机电流 c_1、分级机电流 c_2、电振给矿机的电振频率 u_1、磨机入口给水阀门开度 u_2、分级机补水阀门开度 u_3 以及估计出的磨矿粒度 $\hat{r}$,结合神经网络（NN）、案例推理（CBR）与规则推理（RBR）技术,实现磨机给矿量 y_1、磨机入口给水流量 y_2、分级机溢流矿浆浓度 y_3 三个基础控制回路设定值 y_i^*（$i=$ 1,2,3）的在线调整。所采用的运行优化控制算法由回路设定值优化和负荷异常工况诊断与自愈控制组成,如图 5-1 所示。

回路设定值优化:为了将磨矿粒度 r 控制在目标值范围 $[r_{min}, r_{max}]$ 内,并使其与目标值 r^* 的偏差小于工艺规定值 ε,即 $|r-r^*|\leqslant\varepsilon$,回路设定值优化根据磨矿粒度的目标值 r^* 与估计值 $\hat{r}$、磨机给矿量 y_1、磨机入口给水流量 y_2、分级机溢流矿浆浓度 y_3、磨机电流 c_1 以及分级机电流 c_2 数据,给出磨机给矿量的设

定值 $\hat{y}_1^*$、磨机入口给水流量的设定值 $\hat{y}_2^*$、分级机溢流矿浆浓度的设定值 $\hat{y}_3^*$。

负荷异常工况诊断与自愈控制：当原矿性质 **B** 发生频繁大范围变化时，为了避免磨机负荷异常工况的发生，采用负荷异常工况诊断，根据磨机与分级机电流 c_1 和 c_2 及其变化数据，对磨机负荷状态 S 进行在线估计；当估计磨机负荷发生或即将发生异常时，采用自愈控制，根据磨机给矿量 y_1、磨机入口给水流量 y_2、分级机溢流浓度 y_3、电振给矿机的电振频率 u_1、磨机入口给水阀门开度 u_2 以及分级机补水阀门开度 u_3 数据，结合当前磨机负荷状态 S，给出磨机给矿量，磨机入口给水流量和分级机溢流浓度三个回路设定值的调整量 $\Delta\hat{y}_i^*(i=1,2,3)$，从而更新当前的回路设定值 $y_i^*=y\hat{r}_i^*+\Delta y\hat{r}_i^*(i=1,2,3)$。

（3）基础回路控制

基础回路控制采用增量式 PI 控制算法，根据磨机给矿量、磨机入口给水流量与分级机溢流浓度的跟踪误差 $\Delta y_1(y_1^*-y_1)$、$\Delta y_2(y_2^*-y_2)$ 和 $\Delta y_3(y_3^*-y_3)$，分别计算电振给矿机的电振频率 u_1、磨机入口给水阀门开度 u_2 以及分级机补水阀门开度 u_3，从而使磨机给矿量 y_1、磨机入口给水流量 y_2、分级机溢流矿浆浓度 y_3 跟踪其设定值 $y_i^*(i=1,2,3)$。

5.2 回路设定值优化算法

为了实现磨矿粒度的优化控制，引入 $r(k)-r^*$ 的二次性能指标，使当前及以后时刻的磨矿粒度偏差平方和尽可能小，由控制目标定义性能指标为：

$$\min J(k)=\frac{1}{2}\sum_{i=k+1}^{\infty}\gamma^{i-k-1}(r(i)-r^*)^2 \qquad (5\text{-}1)$$

$$|r(k)-r^*|\leqslant\varepsilon \qquad (5\text{-}2)$$

$$r_{\min}\leqslant r(k)\leqslant r_{\max} \qquad (5\text{-}3)$$

其中 γ 为加权因子，$0<\gamma<1$。磨矿粒度 $r(k)$ 由下式表示：

$$r(k+1)=F(r(k),\boldsymbol{y}(k),\boldsymbol{B}) \qquad (5\text{-}4)$$

其中控制回路输出 $\boldsymbol{y}(k)$ 为：

$$y_i(k+1)=f_i(y_i(k),u_i(k)) \quad (i=1,2,3) \qquad (5\text{-}5)$$

约束条件包括三个控制回路输出的上下限范围，即

$$y_{i,\min}^*\leqslant y_i(k)\leqslant y_{i,\max}^* \quad (i=1,2,3) \qquad (5\text{-}6)$$

磨矿粒度 $r(k)$ 的干扰为赤铁矿原矿性质 **B**（矿石粒度 B_1 与可磨性 B_2）。

由于 F 为未知的非线性函数，因此难以采用传统的优化控制方法对上述优化问题（5-1）～（5-6）进行求解。为此本书利用数据，提出了如图 5-2 所示的由回路预设定值优化和优化回路设定值选择所组成的回路设定值优化算法。

回路预设定值优化：根据磨矿粒度的目标值 r^* 与估计值 $\hat{r}$，磨机给矿量 y_1，磨机入口给水流量 y_2，分级机溢流浓度 y_3，磨机电流 c_1 以及分级机电流 c_2 数据，采用两个串联的神经网络，给出适宜的磨机给矿量，磨机入口给水流量以及分级机溢流浓度三个控制回路的预设定值 $\overline{y_i}^*(k)(i=1,2,3)$，使得由回路预设定值 $\overline{y_i}^*(i=1,2,3)$ 所产生的性能指标 $\overline{y_i}^*(k)$ 接近最优值 J^*。

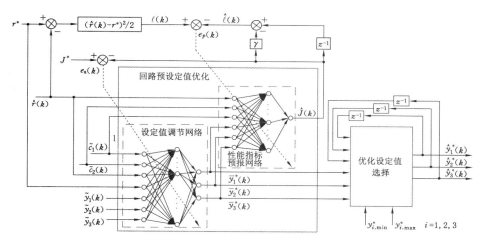

图 5-2 回路设定值优化算法结构

优化回路设定值选择：结合约束条件(5-6)，根据优化出的回路预设定值 $\overline{y_i}^*(k)(i=1,2,3)$，采用规则推理给出适宜的回路设定值 $\hat{y}_i^*(k)(i=1,2,3)$。

5.2.1 基于串联神经网络的回路预设定值优化

回路设定值优化算法采用回路预设定值调节网络与性能指标预测网络串联实现，如图 5-2 所示。其中，回路预设定值调节网络用于产生回路预设定值 $\overline{y_i}^*(k)(i=1,2,3)$，性能指标预测网络用于对回路预设定值 $\overline{y_i}^*(k)(i=1,2,3)$ 所产生的二次性能指标 $J(k)$ 进行预测。通过这两个网络的串联特性，可利用性能指标估计网络输出 $\hat{J}(k)$ 与最优性能指标 J^* 的偏差极小化来调整回路预设定值 $\overline{y_i}^*(k)(i=1,2,3)$，从而得到最优的回路预设定值。具体算法如下。

（1）性能指标预测网络

由二次性能指标 $J(k)$ 的定义可知，$J(k)$ 为 $k+1$ 及以后时刻的磨矿粒度 $r(k+i)(i=1,2,\cdots,\infty)$ 与目标值 r^* 的偏差累积和。根据所建立的磨矿粒度软测量模型可知，磨矿粒度 r 为磨机给矿量 y_1、磨机入口给水流量 y_2、分级机溢流浓度 y_3、磨机电流 c_1 和分级机电流 c_2 的函数。又由于底层基础回路控制系统具有较快的采样周期,其能够在运行控制层的一个采样周期内将磨机给矿量 y_1、磨机入口给水流量 y_2、分级机溢流浓度 y_3 控制在其设定值 $y_i^*(k)(i=1,2,3)$ 附近。因此二次性能指标 $J(k)$ 可表示为:

$$J(k)=\varphi_p(y_1^*(k),y_2^*(k),y_3^*(k),c_1(k),c_2(k),r(k)) \tag{5-7}$$

其中 $\varphi_p(\ )$ 为非线性函数。由于磨矿粒度的动态模型(5-4)未知,因此 $\varphi_p(\ )$ 为未知的非线性函数。

由于 $\varphi_p(\ )$ 的输入和输出均为有界闭集,由神经网络的万能逼近特性知,性能指标预测模型可采用如下的前馈型三层神经网络:

$$\hat{J}(k)=\boldsymbol{\omega}_p^{\mathrm{T}}\boldsymbol{\sigma}_p(\boldsymbol{v}_p(k),\boldsymbol{\Omega}(k)) \tag{5-8}$$

其中,$\boldsymbol{\Omega}(k)\in\mathbf{R}^6$ 为数据输入向量;$\boldsymbol{\omega}_p(k)\in\boldsymbol{R}^{h_p}$ 为隐含层到输出层的权值向量(输出权值),其中 h_p 为隐含层神经元个数;$\boldsymbol{v}_p(k)\in\mathbf{R}^{6\times h_p}$ 为输入层到隐含层的权值矩阵(输入权值);$\boldsymbol{\sigma}_p\in\mathbf{R}^{h_p}$ 为激活函数。具体表示如下:

$$\boldsymbol{\Omega}(k)=\left[\overline{y}_1^*(k),\overline{y}_2^*(k),\overline{y}_3^*(k),c_1(k),c_2(k),\hat{r}(k)\right]^{\mathrm{T}}$$
$$\boldsymbol{\omega}_p(k)=\left[\omega_{p_1}(k),\cdots,\omega_{p_{h_p}}(k)\right]^{\mathrm{T}}$$
$$\boldsymbol{v}_p(k)=\left[\boldsymbol{v}_{p_1}(k),\cdots,\boldsymbol{v}_{p_{h_p}}(k)\right] \tag{5-9}$$
$$\boldsymbol{v}_{p_i}(k)=\left[v_{p_{i1}}(k),\cdots,v_{p_{i6}}(k)\right]^{\mathrm{T}}$$
$$\boldsymbol{\sigma}_p(\boldsymbol{v}_p(k),\boldsymbol{X}(k))=\left[\sigma_{p_1}(\boldsymbol{v}_{p_1}(k),\boldsymbol{\Omega}(k)),\cdots,\sigma_{p_{h_p}}(\boldsymbol{v}_{p_{h_p}}(k),\boldsymbol{\Omega}(k))\right]^{\mathrm{T}}$$
$$\sigma_{p_i}(\boldsymbol{v}_{p_i}(k),\boldsymbol{\Omega}(k))=\frac{1-e^{-2\boldsymbol{v}_{p_i}^{\mathrm{T}}(k)\boldsymbol{\Omega}(k)}}{1+e^{-2\boldsymbol{v}_{p_i}^{\mathrm{T}}(k)\boldsymbol{\Omega}(k)}}\quad i=1,2,\cdots,h_p$$

根据文献[191]指出的:对于一个三层神经网络,可随机选取输入层到隐含层的权值以及隐含层的阀值,只通过调整输出权值即可保证网络的逼近特性。因此本书设定输入权值 $\boldsymbol{v}_{p_i}(k)$ 是固定的,而只根据预测误差 $|J(k)-\hat{J}|$ 的极小来校正输出权值 $\boldsymbol{\omega}_p$。由于性能指标 $J(k)$ 是磨矿粒度偏差从当前到未来无限时间的累计求和,因此无法直接获得二次性能指标的实际值 $J(k)$ 来调整网络参数 $\boldsymbol{\omega}_p$。为此,本书采用一种渐进方式,通过利用每一个时刻的磨矿粒度偏差,即

$$l(k+1)=\frac{1}{2}(r(k+1)-r^*)^2 \tag{5-10}$$

间接地更新网络参数,从而实现对性能指标 $J(k)$ 的估计。其中磨矿粒度 r 由磨矿粒度估计值 $\hat{r}$ 来近似。此时:

$$l(k+1)=\frac{1}{2}(\hat{r}(k+1)-r^*)^2 \tag{5-11}$$

将(5-11)代入(5-1),可得:

$$J(k)=\sum_{i=k}^{\infty}\gamma^{i-k}l(i+1) \tag{5-12}$$

于是：
$$J(k)=l(k+1)+\gamma J(k+1) \tag{5-13}$$

进一步可得：
$$l(k+1)=J(k)-\gamma J(k+1) \tag{5-14}$$

此时，定义：
$$\hat{l}(i+1)=\hat{J}(i)-\gamma\hat{J}(i+1)\quad i=k,\cdots,\infty \tag{5-15}$$

于是：
$$\hat{J}(i)=\hat{l}(i+1)+\gamma\hat{J}(i+1)\quad i=k,\cdots,\infty \tag{5-16}$$

递推得到：
$$\hat{J}(k)=\hat{l}(k+1)+\gamma[\hat{l}(k+1)+\gamma\hat{J}(k+2)]$$
$$\cdots\cdots$$
$$=\sum_{i=k}^{\infty}\gamma^{i-k}\hat{l}(i+1) \tag{5-17}$$

因此：
$$J(k)-\hat{J}(k)=\sum_{i=k}^{\infty}\gamma^{i-k}l(i+1)-\sum_{i=k}^{\infty}\gamma^{i-k}\hat{l}(i+1)$$
$$=\sum_{i=k}^{\infty}\gamma^{i-k}(l(i+1)-\hat{l}(i+1)) \tag{5-18}$$

由此可以看出，性能指标预测误差$|J(k)-\hat{J}(k)|$取决于每一时刻的磨矿粒度偏差$|l(i)-\hat{l}(k)|$。因此使$|J(k)-\hat{J}(k)|$极小，就是使每一时刻的$|l(i)-\hat{l}(i)|$误差极小。

从而定义网络误差
$$e_p(k)=l(k)-\hat{l}(k) \tag{5-19}$$

通过使
$$E_p(k)=\frac{1}{2}e_p(k)^2 \tag{5-20}$$

极小来校正$\boldsymbol{\omega}_p$。

鉴于 LM 算法在学习精度和速度方面比标准梯度下降算法更具优势，因此本书采用 LM 算法来校正$\boldsymbol{\omega}_p$，其校正量为：
$$\Delta\boldsymbol{\omega}_p(k)=-l_p(k)(J_p^T(k)J_p(k)+\mu_p I)^{-1}J_p^T(k)e_p(k) \tag{5-21}$$

其中，μ_p为一正数；$l_p>0$为网络的学习率；$J_p(k)$为$e_p(k)$对$\boldsymbol{\omega}_p$的雅克比矩阵，即
$$J_p(k)=\frac{\partial e_p(k)}{\partial \boldsymbol{\omega}_p(k)}=\frac{\partial\hat{l}(k)}{\partial\boldsymbol{\omega}_p(k)}=\gamma\frac{\partial\hat{J}(i+1)}{\partial\boldsymbol{\omega}_p(k)}=\gamma\boldsymbol{\sigma}_p^T(\boldsymbol{v}_p(k),\boldsymbol{\Omega}(k)) \tag{5-22}$$

将(5-19)和(5-22)代入(5-21),并将 $\boldsymbol{\sigma}_p^T(v_p(k),\boldsymbol{\Omega}(k))$ 用 $\boldsymbol{\sigma}_p^T(k)$ 简化表示,可得

$$\Delta\boldsymbol{\omega}_p(k)=-\gamma l_p(k)(\gamma^2\boldsymbol{\sigma}_p(k)\boldsymbol{\sigma}_p^T(k)+\mu_p I)^{-1}\boldsymbol{\sigma}_p(k)e_p(k) \tag{5-23}$$

为避免神经网络的无限迭代学习,设训练停止条件为

$$|l(k)-\hat{l}(k)|\leqslant\varepsilon_p \tag{5-24}$$

其中,ε_p 为一较小的正数,由实验确定。

下面对性能指标预测网络的收敛性进行分析,由于神经网络的学习过程的收敛性与相应的学习率密切相关,因此,本书对保证性能指标预测网络收敛的学习率 $l_p(k)$ 取值范围进行研究。

定义离散的 Lyapunov 函数为:

$$L(k)=\frac{1}{2}e_p^2(k) \tag{5-25}$$

则

$$\Delta L(k)=\Delta e_p(k)\left(e_p(k)+\frac{1}{2}\Delta e_p(k)\right) \tag{5-26}$$

这里 $\Delta e_p(k)=e_p(k+1)-e_p(k)$。根据全微分定理可得:

$$\Delta e_p(k)=\frac{\partial e_p(k)}{\partial\boldsymbol{\omega}_p(k)}\Delta\boldsymbol{\omega}_p(k) \tag{5-27}$$

定理 1 若性能指标预测网络的学习率 $l_p>0$ 满足:

$$l_p(k)<\frac{2}{\boldsymbol{\sigma}_p^T(k)(\gamma^2\boldsymbol{\sigma}_p(k)\boldsymbol{\sigma}_p^T(k)+\mu_p I)^{-1}\boldsymbol{\sigma}_p(k)} \tag{5-28}$$

则性能指标预测网络的学习过程是收敛的。

证明 根据(5-22)可知

$$\frac{\partial e_p(k)}{\partial\boldsymbol{\omega}_p(k)}=\gamma\boldsymbol{\sigma}_p^T(k) \tag{5-29}$$

将(5-23)和(5-29)代入到(5-27),可得:

$$\Delta e_p(k)=-\gamma^2 l_p(k)\boldsymbol{\sigma}_p^T(k)(\gamma^2\boldsymbol{\sigma}_p(k)\boldsymbol{\sigma}_p^T(k)+\mu_p I)^{-1}\boldsymbol{\sigma}_p(k)e_p(k) \tag{5-30}$$

将(5-30)代入到(5-26),可得:

$$\Delta L(k)=-\gamma^2 l_p(k)e_p^2(k)\boldsymbol{\sigma}_p^T(k)(\gamma^2\boldsymbol{\sigma}_p(k)\boldsymbol{\sigma}_p^T(k)+\mu_p I)-1\boldsymbol{\sigma}_p(k)\times$$

$$(1-\frac{1}{2}\gamma^2 l_p(k)\boldsymbol{\sigma}_p^T(k)(\gamma^2\boldsymbol{\sigma}_p(k)\boldsymbol{\sigma}_p^T(k)+\mu_p I)^{-1}\boldsymbol{\sigma}_p(k)) \tag{5-31}$$

由于 $(\gamma^2\boldsymbol{\sigma}_p(k)\boldsymbol{\sigma}_p^T(k)+\mu I)^{-1}$ 是正定的,所以有

$$1-\frac{1}{2}\gamma^2 l_p(k)\boldsymbol{\sigma}_p^T(k)(\gamma^2\boldsymbol{\sigma}_p(k)\boldsymbol{\sigma}_p^T(k)+\mu_p I)^{-1}\boldsymbol{\sigma}_p(k)>0 \tag{5-32}$$

则 $\Delta l(k)\leqslant0$,并且当 $e_p(k)=0$ 时,$\Delta L(k)=0$。因此解不等式(5-32)即可得到

式(5-28)。根据离线系统的 Lyapunov 定理,当式(5-28)成立时,性能指标预测网络的学习是收敛的,定理证闭。

(2) 回路预设定值调节网络

对于磨机给矿量 $y_1(k)$、磨机入口给水流量 $y_2(k)$ 和分级机溢流浓度 $y_3(k)$ 三个回路,其设定值 $y_i^*(k)(i=1,2,3)$ 的优化值就是由其产生的性能指标 $\hat{J}(k)$ 能够逼近最优性能指标值 J^*。由于回路设定值 $y_i^*(k)(i=1,2,3)$ 可通过由基础回路控制与磨矿过程所组成的广义对象的逆模型来产生,因此回路设定值优化模型可由下式表示:

$$(y_1^*(k),y_2^*(k),y_3^*(k))=\varphi_a(c_1(k),c_2(k),y_1(k),y_2(k),y_3(k),r(k),r^*)$$
$$(5-33)$$

其中 $\varphi_a(\cdot)$ 为未知的非线性函数。

由于 $\varphi_a(\cdot)$ 的输入和输出均为有界闭集,因此可采用如下神经网络建立其模型。

$$\overline{y}^*(k)=\omega_a^T(k)\sigma_a(v_a(k),\mathcal{U}(k))$$
$$(5-34)$$

其中 $\mathcal{U}(k)^T\in\mathbf{R}^6$ 为数据输入向量;$\overline{y}^*(k)\in\mathbf{R}^3$ 为数据输出向量;$\omega_a(k)\in\mathbf{R}^{h_a\times3}$ 为隐含层到输出层的权值矩阵(输出权值),其中 h_a 为隐含层神经元个数;$v_a(k)\in\mathbf{R}^{7\times h_a}$ 为输入层到隐含层的权值矩阵(输入权值);$\sigma_a\in\mathbf{R}^{h_a}$ 为激活函数;具体表示如下:

$$\mathcal{U}(k)=[c_1(k),c_2(k),y_1(k),y_2(k),y_3(k),\hat{r}(k),r^*(k)]^T$$
$$\overline{y}^*(k)=[\overline{y}_1^*(k),\overline{y}_2^*(k),\overline{y}_3^*(k)]^T$$
$$\omega_a(k)=[\omega_{a_1}(k),\omega_{a_2}(k),\omega_{a_3}(k)]$$
$$\omega_{a_i}(k)=[\omega_{a_{i1}}(k),\cdots=,\omega_{a_{ih_a+1}}(k)]^T,\quad i=1,2,3$$
$$v_a(k)=[v_{a_1}(k),\cdots,v_{a_{h_a}}(k)] \qquad (5-35)$$
$$v_{a_i}(k)=[v_{a_{i1}}(k),\cdots,v_{a_{i7}}(k)]^T$$
$$\sigma_a(v_a(k),\mathcal{U}(k))=[\sigma_{a_1}(v_{a_1},\mathcal{U}(k)),\cdots,\sigma_{a_{h_a}}(v_{a_{h_a}}(k),\mathcal{U}(k))]^T$$
$$\sigma_{a_i}(v_{a_i}(k),\mathcal{U}(k))=\frac{1-e^{-2v_{a_i}^T(k)\Omega(k)}}{1+e^{-2v_{a_i}^T(k)\Omega(k)}}\quad i=1,2,\cdots,h_a$$

与性能指标预测网络相同,设定输入权值 $v_a(k)$ 是固定的,只对输出权值 ω_a 采用使 $|J^*-\hat{J}(k)|$ 极小化来校正。

由(5-1)、(5-10)和(5-18)可知:

$$|J^*-\hat{J}(k)|=\sum_{i=k}^{\infty}\gamma^{i-k}|l^*(i)-\hat{l}(i)| \qquad (5-36)$$

其中

$$J^* \leqslant \frac{1}{2} \sum_{i=k}^{\infty} \gamma^{i-k} \varepsilon^2 \leqslant \frac{\varepsilon^2}{2} + \gamma \frac{\varepsilon^2}{2} + \gamma^2 \frac{\varepsilon^2}{2} + \cdots$$

$$\leqslant \lim_{n \to \infty} \frac{1-\gamma^n}{1-\gamma} \times \frac{\varepsilon^2}{2} \leqslant \varepsilon^2/2(1-\gamma) \tag{5-37}$$

如果回路预设定值 $\overline{y}_i^*(k)(i=1,2,3)$ 为最优值,那么

$$\hat{J}(k) = \sum_{i=k}^{\infty} \gamma^{i-k} \hat{l}(i) \leqslant \varepsilon^2/2(1-\gamma) \tag{5-38}$$

因此,取 $0 \leqslant \varepsilon_a < \varepsilon$,只需使 $\hat{J} \leqslant \varepsilon_a^2 2/2(1-\gamma)$ 即可得到 $\overline{y}_i^*(k)$ 的优化值。显然 ε_a 越小,$\hat{J}$ 越逼近 J^*,$\overline{y}_i^*(k)$ 越逼近最优值。从而以 $\hat{J}$ 极小为训练目标,即以

$$e_a(k) = \hat{J}(k) - 0 \tag{5-39}$$

为网络误差,通过使

$$E_a(k) = \frac{1}{2} e_a(k)^2 \tag{5-40}$$

极小,并以 $\hat{J}(k) \leqslant \varepsilon_a^2/2(1-\gamma)$ 为停止条件来校正 $\boldsymbol{\omega}_p$,ε_a 由实验确定。采用 LM 算法的校正量为:

$$\Delta \boldsymbol{\omega}_a(k) = -l_a(k)(\boldsymbol{J}_a^{\mathrm{T}}(k)\boldsymbol{J}_a(k) + \mu_a I)^{-1}\boldsymbol{J}_a^{\mathrm{T}}(k)e_a(k) \tag{5-41}$$

其中 μ_a 为一正数;$l_a > 0$ 为网络的学习率;$\boldsymbol{J}_a(k)$ 为 $e_a(k)$ 对 $\boldsymbol{\omega}_a$ 的雅克比矩阵,根据链式求导法则,可得 $\boldsymbol{J}_a(k)$ 为:

$$\boldsymbol{J}_a(k) = \frac{\partial e_a(k)}{\partial \boldsymbol{\omega}_a(k)} = \frac{\partial \hat{J}(k)}{\partial \boldsymbol{\omega}_a(k)} = \frac{\partial \hat{J}(k)}{\partial \overline{\boldsymbol{y}}^*(k)} \frac{\partial \overline{\boldsymbol{y}}^*(k)}{\partial \boldsymbol{\omega}_a(k)}$$

$$= \boldsymbol{v}_{pp}^{\mathrm{T}}(1 - \boldsymbol{\sigma}_p(k)\boldsymbol{\sigma}_P^{\mathrm{T}}(k))\boldsymbol{\omega}_p \boldsymbol{\sigma}_a^{\mathrm{T}}(k) \tag{5-42}$$

其中 $\boldsymbol{v}_{pp}$ 为:

$$\boldsymbol{v}_{pp}(k) = [\boldsymbol{v}_{pp_1}(k), \cdots, \boldsymbol{v}_{pp_{h_p}}(k)]$$

$$\boldsymbol{v}_{pp_i}(k) = [v_{p_{i1}}(k), v_{p_{i2}}(k), v_{p_{i3}}(k)]^{\mathrm{T}} \tag{5-43}$$

将式(5-42)代入式(5-41),并将 $\boldsymbol{\sigma}_a(\boldsymbol{v}_a(k), \boldsymbol{\mho}(k))$ 用 $\boldsymbol{\sigma}_a(k)$ 简化表示,可得:

$$\Delta \boldsymbol{\omega}_a(k) = -l_a(k)\Xi^{-1}(k)\boldsymbol{\sigma}_a(k)\boldsymbol{\omega}_p^{\mathrm{T}}(k)(1 - \boldsymbol{\sigma}_p(k)\boldsymbol{\sigma}_P^{\mathrm{T}}(k))\boldsymbol{v}_{pp}(k)e_a(k)$$

$$\tag{5-44}$$

其中 $\Xi(k) = \boldsymbol{\sigma}_a(k)\boldsymbol{\omega}_p^{\mathrm{T}}(k)(1 - \boldsymbol{\sigma}_p(k)\boldsymbol{\sigma}_P^{\mathrm{T}}(k))\boldsymbol{v}_{pp}(k)\boldsymbol{v}_{pp}^{\mathrm{T}}(k)(1 - \boldsymbol{\sigma}_p(k)\boldsymbol{\sigma}_P^{\mathrm{T}}(k))\boldsymbol{\omega}_p(k)\boldsymbol{\sigma}_a^{\mathrm{T}}(k) + \mu_a I$。

下面对保证回路预设定值调节网络收敛的学习率 $l_a(k)$ 的取值范围进行研究。

定义离散的 Lyapunov 函数为:

$$L_a(k)=\frac{1}{2}e_a^2(k) \tag{5-45}$$

则

$$\Delta L_a(k)=\Delta e_a(k)\left(e_a(k)+\frac{1}{2}\Delta e_a(k)\right) \tag{5-46}$$

这里 $\Delta e_a(k)=e_a(k+1)-e_a(k)$。根据全微分定理可得：

$$\Delta e_a(k)=\frac{\partial e_a(k)}{\partial \boldsymbol{\omega}_a(k)}\Delta \boldsymbol{\omega}_a(k) \tag{5-47}$$

定理 2　若回路预设定值调节网络的学习率 $l_a>0$ 满足：

$$l_a(k)<\frac{2}{\boldsymbol{v}_{pp}^{\mathrm{T}}(1-\boldsymbol{\sigma}_p(k)\boldsymbol{\sigma}_P^{\mathrm{T}}(k))\boldsymbol{\omega}_p(k)\boldsymbol{\sigma}_a^{\mathrm{T}}(k)\boldsymbol{\Xi}^{-1}(k)\boldsymbol{\sigma}_a(k)\boldsymbol{\omega}_p^{\mathrm{T}}(k)(1-\boldsymbol{\sigma}_p(k)\boldsymbol{\sigma}_P^{\mathrm{T}}(k))\boldsymbol{v}_{pp}(k)} \tag{5-48}$$

则回路预设定值调节网络的学习过程是收敛的。

　　[证明]：根据式(5-42)可知

$$\frac{\partial e_a(k)}{\partial \boldsymbol{\omega}_a(k)}=\boldsymbol{J}_a(k)=\boldsymbol{v}_{pp}^{\mathrm{T}}(1-\boldsymbol{\sigma}_p(k)\boldsymbol{\sigma}_P^{\mathrm{T}}(k))\boldsymbol{\omega}_p\boldsymbol{\sigma}_a^{\mathrm{T}}(k) \tag{5-49}$$

　　将式(5-49)和式(5-42)代入到式(5-47)，可得：

$$\Delta e_a(k)=\boldsymbol{J}_a(k)\Delta \boldsymbol{\omega}_a(k)=-l_a(k)e_a(k)\boldsymbol{J}_a(k)(\boldsymbol{J}_a^{\mathrm{T}}(k)\boldsymbol{J}_a(k)+\mu_a I)^{-1}\boldsymbol{J}_a^{\mathrm{T}}(k) \tag{5-50}$$

　　将式(5-50)代入到式(5-46)，可得：

$$\Delta L_a(k)=-l_a(k)e_a^2(k)\boldsymbol{J}_a(k)(\boldsymbol{J}_a^{\mathrm{T}}(k)\boldsymbol{J}_a(k)+\mu_a I)^{-1}\boldsymbol{J}_a^{\mathrm{T}}(k)\times$$
$$\left(1-\frac{1}{2}l_a(k)\boldsymbol{J}_a(k)(\boldsymbol{J}_a^{\mathrm{T}}(k)\boldsymbol{J}_a(k)+\mu_a I)^{-1}\boldsymbol{J}_a^{\mathrm{T}}(k)\right) \tag{5-51}$$

　　由于 $\boldsymbol{J}_a(k)(\boldsymbol{J}_a^{\mathrm{T}}(k)\boldsymbol{J}_a(k)+\mu_a I)^{-1}\boldsymbol{J}_a^{\mathrm{T}}(k)$ 半正定，所以只要

$$1-\frac{1}{2}l_a(k)\boldsymbol{J}_a(k)(\boldsymbol{J}_a^{\mathrm{T}}(k)\boldsymbol{J}_a(k)+\mu_a I)^{-1}\boldsymbol{J}_a^{\mathrm{T}}(k)>0 \tag{5-52}$$

则 $\Delta L_a(k)\leqslant 0$，并且当 $e_a(k)=0$ 时，$\Delta L_a(k)=0$。

　　将(5-42)代入(5-52)，并求解(5-52)即可得(5-48)，根据离线系统的 Lyapunov 定理，当(5-48)成立时，回路预设定值调节网络的学习是收敛的，定理证毕。

5.2.2　基于 RBR 的优化设定值选择

　　为了实现磨矿粒度的优化控制目标，回路预设定值优化可能产生出过大或过小的回路预设定值。此时，在底层基础回路的跟踪控制作用下，势必将导致磨机给矿量、磨机入口给水流量以及分级机溢流浓度回路的输出 $y_i(k)(i=1,$

$2,3)$超出其上下限,违背生产过程约束$(5-6)$,从而给磨矿运行带来不利影响。因此,为了保证约束$(5-6)$,采用如下规则给出控制回路的设定值$\hat{y}_i^*(k)$。

Rule 1　IF $y_{i,\min}^* \leqslant \overline{y}_i^*(k) \leqslant y_{i,\max}^*$

　　　　THEN $\hat{y}_i^*(k) = \overline{y}_i^*(k)$,$i=1,2,3$。

Rule 2　IF $\overline{y}_i^*(k) \leqslant y_{i,\min}^*$ OR $y_{i,\max}^* \leqslant \overline{y}_i^*(k)$

　　　　THEN $\hat{y}_i^*(k)$,$i=1,2,3$通过以下两步来确定。

Step 1:采用 Rule3 和 Rule4 对回路预设定值进行调整。

Rule 3　IF $\overline{y}_i^*(k) < y_{i,\min}^*$

　　　　THEN $\widehat{y}_i^*(k) = y_{i,\min}^*$,$i=1,2,3$。

Rule 4　IF $\overline{y}_i^*(k) > y_{i,\max}^*$

　　　　THEN $\widehat{y}_i^*(k) = y_{i,\max}^*$,$i=1,2,3$。

Step 2:通过性能指标预测网络预报由$\widehat{y}_i^*(k)$与$\hat{y}_i^*(k-1)$所产生的性能指标$\hat{J}_{\widehat{y}^*}(k)$与$\hat{J}_{\hat{y}^*}(k)$,并采用 Rule5 和 Rule6 给出回路设定值$\hat{y}_i^*(k)$。

Rule 5　IF $J_{\widehat{y}^*}(k) < \hat{J}_{\hat{y}^*}(k)$

　　　　THEN $\hat{y}_i^*(k) = \widehat{y}_i^*(k)$,$i=1,2,3$。

Rule 6 IF $\hat{J}_{\widehat{y}^*}(k) > \hat{J}_{\hat{y}^*}(k)$

　　　　THEN $\hat{y}_i^*(k) = \hat{y}_i^*(k-1)$,$i=1,2,3$。

5.3　负荷异常工况诊断与自愈控制算法

由于采用神经网络根据磨矿粒度的优化控制目标,进行磨机给矿量、磨机入口给水量和分级机溢流浓度控制回路设定值优化,在矿石性质大范围变化时,可能导致控制回路设定值不合适,造成磨机偏离最佳负荷运行状态,发生过负荷或欠负荷异常工况。当过负荷发生时,磨机内的待磨矿石量将超过磨机的处理能力,导致磨机排矿粒度跑粗,从而导致分级机返砂中的粒度变粗,当分级机返砂给入磨机后将进一步导致磨机待磨矿石量的增加,从而使矿石在磨机内累积造成球磨机"涨肚"事故,导致磨矿作业停产。而当欠负荷发生时,由于磨机内待磨矿石量较少,不仅产量降低,产品单位能耗高,而且可能引发磨机"空砸"事故,损坏磨机衬板,造成磨机检修停车。

因此为了提高算法的鲁棒性,避免磨机负荷异常工况的发生,本书提出如图 5-3 所示的基于规则推理(RBR)的负荷异常工况诊断与基于案例推理(CBR)的自愈控制策略,用于对磨机负荷进行实时监视,并通过补偿回路设定值来避免并消除负荷异常工况。

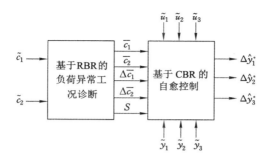

图 5-3　负荷异常工况诊断与自愈控制算法结构

5.3.1　基于 RBR 的负荷异常工况诊断算法

磨机负荷是一个受诸多因素影响的呈现复杂关系的变量,对磨机负荷的检测历来都是研究的热点也是难点,但由于其检测难度大,长期以来一直没有一种合适的方法能够对磨机负荷进行有效的测量。近年来,基于仪表的磨机负荷间接检测方法主要有振动法、声响法、压力法、功率法等[204],但这些方法均不能反映负荷的全部变化,每种方法又有其各自的适用范围,目前还没有一种方法能够全面地准确判断球磨机介质的充填率、料球比和磨矿浓度,并且每种检测方法受安装施工条件的限制,对已运行的磨机进行技术改造难度大,另外基于振动、声响的检测方法易受环境干扰的影响,造成检测信号不准确而难以应用于工业现场。

由磨机负荷与有功功率的关系图 2-10 可知,当磨机负荷较低时,随着磨机负荷的增加,磨机有功功率明显上升,到达某一极值后,随着负荷的增加,有功功率值反而下降。此极值可以认为是磨机负荷的最佳点,此时磨机作用于矿石破碎的功最多。由于磨机电流 c_1 与磨机有功功率的一一对应关系,当磨机欠负荷和过负荷时,磨机电流 c_1 也会显著下降,因此本书采用与有功功率相关的磨机电流 c_1 来估计磨机负荷状态。然而,从图 2-10 中可以看出,功率的减小不能反映磨机是发生了欠负荷还是过负荷,因此难以只通过磨机电流 c_1 的变化数据来判断负荷的异常状态。但由于磨机负荷的变化将改变磨机排矿矿浆,从而导致分级机返砂量的变化,由于分级机电流 c_2 与返砂量呈如图 3-6 的近似线性关系。因此,可以通过分级机电流 c_2 的增减判断返砂量的变化情况,并结合磨机电流 c_1 的运行情况,判定磨机是否处于异常负荷运行工况,进而对磨矿给矿量、磨机入口给水流量以及分级机溢流浓度的回路设定值进行相应的调整。

由于电流在正常负荷时依然会围绕均值上下反复波动,因此为避免电流波动而引起误诊断,采用电流均值及其变化量数据,即

$$\begin{cases} \bar{c}_i(k) = T_2 \sum_{\tau=1}^{T_1/T_2} c_i(kT_1 - (\tau-1)T_2)/T_1 \\ \Delta\bar{c}_i(k) = \bar{c}_i(k) - \bar{c}_i(k-1) \end{cases} \quad i=1,2 \qquad (5\text{-}53)$$

来实现磨机负荷状态的诊断。其中 T_1 为上层运行优化控制周期; T_2 为底层基础回路控制周期。

本书根据赤铁矿磨矿过程的生产特点,结合操作人员的生产经验与历史运行数据,采用原型分析方法[208],提取表征磨机负荷状态的"原型",将其整理成 IF＜前提＞THEN＜结论＞形式的专家规则。其中前提表示激活该规则的条件,可以是由逻辑运算符 AND、OR 组成的表达式,结论表示满足该条件时所对应的磨机负荷状态 S。

当磨机负荷较高时,磨机内部的矿石通过量较高,此时磨机电流 $\bar{c}_1(k)$ 将小于其正常值的下限,同时磨机排矿颗粒将变粗,从而导致分级机返砂量的增加,此时分级机电流 $\bar{c}_2(k)$ 将大于其正常值的上限。当磨机过负荷发生时,磨机电流 $\bar{c}_1(k)$ 迅速下降,并远小于其正常值的下限,此时分级机电流 $\bar{c}_2(k)$ 由于返砂的大量增加而迅速提高。当磨机负荷较低或欠负荷发生时,磨机电流 $\bar{c}_1(k)$ 同样将小于其正常值的下限,但此时分级机电流 $\bar{c}_2(k)$ 的变化与磨机过负荷时的变化相反。

由上述分析得,可利用磨机电流 $\bar{c}_1(k)$ 与分级机电流 $\bar{c}_2(k)$ 较正常值的距离以及变化率即 $\Delta\bar{c}_1(k)$ 和 $\Delta\bar{c}_2(k)$ 的大小,来判断磨机负荷的状态 S。因此将 $\bar{c}_1(k)$,$\Delta\bar{c}_1(k)$,$\bar{c}_2(k)$ 和 $\Delta\bar{c}_2(k)$ 组成规则前件的识别变量,其变化区间的限定值由表 5-1 给出,实际数值通过实验和凑试的方法获得。并考虑到赤铁矿磨矿实际运行情况,将磨机负荷异常 S 分为 6 种状态:"准过负荷"状态 S_1,"过负荷"状态 S_2,"严重过负荷"状态 S_3,"准欠负荷"状态 S_4,"欠负荷"状态 S_5 以及"严重欠负荷"S_6。磨机负荷异常工况诊断即是采用 $\bar{c}_1(k)$,$\Delta\bar{c}_1(k)$,$\bar{c}_2(k)$,$\Delta\bar{c}_2(k)$ 及其变化区间的限定值来提取识别磨机负荷异常工况 $S_i(i=1,2,\cdots,6)$ 的规则。

表 5-1　　　　　　　　　　　**前提变量变化区间的限定值**

变量	区间限定值	
	下限	上限
	H_1^1	
$\bar{c}_1(k)$	H_2^1	H_1^1
		H_2^1

变量	区间限定值	
	下限	上限
$\bar{c}_2(k)$	H_1^2	
	H_2^2	H_1^2
		H_2^2
$\Delta\bar{c}_1(k)$	T_1^1	
	T_2^1	T_1^1
		T_2^1
$\Delta\bar{c}_2(k)$	T_1^2	
	T_2^2	T_1^2
		T_2^2

（1）负荷异常工况 S 诊断规则提取

令 H_1^1 为磨机负荷正常时磨机电流 $\bar{c}_1(k)$ 的下限值,令 H_1^2 和 H_2^2 分别为正常值的上限和下限,且 $T_2^1<T_1^1<0,T_1^2>0>T_2^2$。如果磨机电流 $\bar{c}_1(k)$ 大于正常值的下限 H_1^1,则表明磨机工作正常。如果 $0>\Delta\bar{c}_1(k)>T_1^1$,此时表明磨机有进入"过负荷"和"欠负荷"的趋势。此时,如果 $H_2^2>\bar{c}_2(k)>H_1^2$ 且 $T_1^2>\Delta\bar{c}_2(k)>0$,则说明分级机返砂量增多,磨机的磨矿效果变差,存在发生过负荷的趋势,于是将这种现象归结为磨机处于"准过负荷" S_1 状态。反之,如果 $H_2^2>\bar{c}_2(k)>H_1^2$ 且 $0>\Delta\bar{c}_2(k)>T_2^2$,则说明分级机返砂量减少,磨矿的粒度较细,存在发生欠负荷的趋势,于是将这种现象归结为磨机处于"准欠负荷" S_4 状态。根据上述分析,提取出的 IF…THEN…形式的规则为:

Rule1:IF $H_2^1<\bar{c}_1<H_1^1$ AND $0>\Delta\bar{c}_1(k)>T_1^1$ AND $\bar{c}_2(k)>H_1^2$ AND $T_1^2>\Delta\bar{c}_2(k)>0$ THEN S_1 happens;

Rule2:IF $H_2^1<\bar{c}_1<H_1^1$ AND $0>\Delta\bar{c}_1(k)>T_1^1$ AND $\bar{c}_2(k)<H_2^2$ AND $0>\Delta\bar{c}_2(k)>T_2^2$ THEN S_4 happens;

当磨机电流 $\bar{c}_1(k)$ 小于正常值的下限 H_1^1,且大于 H_2^1,即 $H_2^1<\bar{c}_1<H_1^1$,同时分级机电流 $\bar{c}_2(k)$ 大于正常值的上限 H_1^2 时,即 $\bar{c}_2(k)>H_1^2$,表明磨机已进入过负荷工作状态。此时,如果磨机电流的变化量 $T_2^1<\Delta\bar{c}_1(k)<T_1^1$,而分级机电流的变化量 $T_1^2>\Delta\bar{c}_2(k)>0$ 时,说明过负荷故障工况已发生,可视为"过负荷"工况 S_2,但过负荷的程度不高。如果磨机电流 $\bar{c}_1(k)<H_2^1$,且变化量 $\Delta\bar{c}_1(k)>T_2^1$,同时分级机电流的变化量 $\Delta\bar{c}_2(k)>T_1^2$ 时,此时磨机过负荷的程度较高,可

认为"严重过负荷"S_3工况。因此,提取出的 IF…THEN…形式的规则为:

Rule3:IF $H_2^1 < \bar{c}_1 < H_1^1$ AND $\bar{c}_2(k) > H_1^2$ AND $T_2^1 < \Delta \bar{c}_1(k) < T_1^1$ AND $T_1^2 > \Delta \bar{c}_2(k) > 0$ THEN S_2 happens;

Rule4:IF $\bar{c}_1(k) < H_2^1$ AND $\bar{c}_2(k) > H_1^2$ AND $\Delta \bar{c}_1(k) > T_2^1$ AND $\Delta \bar{c}_2(k) > T_1^2$ THEN S_3 happens;

此外,当磨机由于严重过负荷导致磨机"堵死"时,分级机的返砂量将减少到正常值的下限,并远小于下限值,即 $\bar{c}_2(k) \ll H_2^2$,因此,提取出的 IF…THEN…形式的规则为:

Rule5:IF $\bar{c}_1(k) < H_2^1$ AND $\Delta \bar{c}_1(k) > T_2^1$ AND $\bar{c}_2(k) \ll H_2^2$ THEN S_3 happens;

当磨机电流 $\bar{c}_1(k)$ 小于正常值的下限 H_2^1,且大于 H_2^1,即 $H_2^1 < \bar{c}_1 < H_1^1$,同时分级机电流 $\bar{c}_2(k)$ 小于正常值的下限 H_2^2 时,即 $\bar{c}_2(k) < H_2^2$,表明磨机已进入欠负荷工作状态。此时,如果磨机电流的变化量 $T_2^1 < \Delta \bar{c}_1(k) < T_1^1$,而分级机电流的变化量 $0 > \Delta \bar{c}_2(k) > T_2^2$ 时,说明欠负荷故障工况已发生,可视为"欠负荷"工况 S_5,但欠负荷的程度不高。如果磨机电流 $\bar{c}_1(k) < H_2^1$,且变化量 $\Delta \bar{c}_1(k) > T_2^1$,同时分级机电流的变化量 $\Delta \bar{c}_2(k) < T_2^2$ 时,此时磨机欠负荷的程度较高,可认为"严重欠负荷"S_6 工况。因此,提取出的 IF…THEN…形式的规则为:

Rule6:IF $H_2^1 < \bar{c}_1 < H_1^1$ AND $\bar{c}_2(k) < H_2^2$ AND $T_2^1 < \Delta \bar{c}_1(k) < T_1^1$ AND $0 > \Delta \bar{c}_2(k) > T_2^2$ THEN S_5 happens;

Rule7:IF $\bar{c}_1(k) < H_2^1$ AND $\bar{c}_2(k) < H_2^2$ AND $\Delta \bar{c}_1(k) > T_2^1$ AND $\Delta \bar{c}_2(k) < T_2^2$ THEN S_6 happens;

(2) 负荷诊断规则推理系统

总结上述各条规则,本书构建了表 5-2 所示的磨机负荷异常工况规则库。

表 5-2 过负荷诊断规则

规则	前　提	结论
1	$H_2^1 < \bar{c}_1 < H_1^1$ AND $0 > \Delta \bar{c}_1(k) > T_1^1$ AND $\bar{c}_2(k) > H_1^2$ AND $T_1^2 > \Delta \bar{c}_2(k) > 0$	S_1
2	$H_2^1 < \bar{c}_1 < H_1^1$ AND $0 > \Delta \bar{c}_1(k) > T_1^1$ AND $\bar{c}_2(k) < H_2^2$ AND $0 > \Delta \bar{c}_2(k) > T_2^2$	S_4
3	$H_2^1 < \bar{c}_1 < H_1^1$ AND $\bar{c}_2(k) > H_1^2$ AND $T_2^1 < \Delta \bar{c}_1(k) < T_1^1$ AND $T_1^2 > \Delta \bar{c}_2(k) > 0$	S_2
4	$\bar{c}_1(k) < H_2^1$ AND $\bar{c}_2(k) > H_1^2$ AND $\Delta \bar{c}_1(k) > T_2^1$ AND $\Delta \bar{c}_2(k) > T_1^2$	S_3
5	$\bar{c}_1(k) < H_2^1$ AND $\Delta \bar{c}_1(k) > T_2^1$ AND $\bar{c}_2(k) \ll H_2^2$	S_3
6	$H_2^1 < \bar{c}_1 < H_1^1$ AND $\bar{c}_2(k) < H_2^2$ AND $T_2^1 < \Delta \bar{c}_1(k) < T_1^1$ AND $0 > \Delta \bar{c}_2(k) > T_2^2$	S_5
7	$\bar{c}_1(k) < H_2^1$ AND $\bar{c}_2(k) < H_2^2$ AND $\Delta \bar{c}_1(k) > T_2^1$ AND $\Delta \bar{c}_2(k) < T_2^2$	S_6

获得了识别规则库后,磨机负荷诊断采用正向推理机制诊断当前的磨机负荷异常状态,正向推理过程与前述类似。

5.3.2　基于 CBR 的自愈控制算法

本书利用 CBR 技术根据磨机负荷的异常状态来调整设定值实现赤铁矿磨矿过程的自愈控制。案例推理(Case-Based Reasoning, CBR)是一种利用或重新利用先前类似情况下的知识信息解决新问题的方法[206-208],最早由耶鲁大学 Schank 教授在 1982 年出版的专著 *Dynamic Memory : A Theory of Reminding and Learning in Computersand People*[209]中提出,是人工智能领域一项重要的推理方法。具体来说,CBR 就是在遇到新问题时,在案例库中检索过去解决的类似问题及其解决方案,并比较新、旧问题发生的背景和时间差异,对旧案例解决方案进行调整和修改以解决新的问题,并通过案例学习过程获得经验,从而不断改善将来解决问题的能力和求解效率[210-213]。

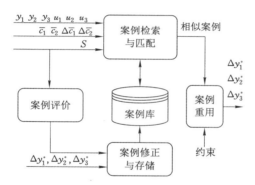

图 5-4　自愈控制算法的案例推理过程示意图

典型的 CBR 包括案例表示、案例检索与匹配、案例重用、案例评价以及案例修正与存储等几个过程。本书自愈控制所采用的求解推理流程如图 5-4 所示。其根据当前的磨矿运行工况,通过案例检索与匹配从案例库中找到与当前工况匹配的案例后,利用案例重用与修正即可计算出满足当前工况的案例解。

(1)案例表示

案例推理技术在很大程度上取决于所收集案例的表示内容和结构。案例表示决定了哪些知识存储在案例中,并找出一种适当的结构来描述案例内容,这是求解问题案例的前提。案例推理对案例的各种操作如检索和重用等都依赖于案例的表示方法。案例属于专家经验知识,而知识的表示方法目前使用较多的方法有一阶谓词表示法、产生式规则表示法、框架表达法、语义网络表示

数据驱动赤铁矿磨矿过程运行优化控制

法、脚本法、过程表示法、petri 网法、面向对象法等[214]。案例推理过程中的操作工况经验知识一般是以结构化的方式表示的,是对应领域的结构化描述[215]。因此本书案例采用基于框架结构的表示法。

通常,案例库中案例由检索特征 x 和解特征 f 表示的一个 2 元组 Case$=(x,f)$。其中 Case 代表一条案例,x 代表问题描述;f 代表问题的解。本书设计的自愈控制案例系统中的案例结构如表 5-3 所示,其中 $x=\{x_1,\cdots,x_{11}\}$,x_1 表示磨机负荷异常状态,即 $S_1,\cdots S_6$;x_2,x_3,x_4 与 f_5 分别为 $\bar{c}_1(k)$,$\Delta\bar{c}_1(k)$,$\bar{c}_2(k)$ 和 $\Delta\bar{c}_2(k)$;x_6,x_7 与 x_8 为控制回路的被控变量 $y_i(k)(i=1,2,3)$;x_9,x_{10} 与 x_{11} 分别表示回路控制输入 $u_1(k)(i=1,2,3)$。$f=\{f_1,f_2,f_3\}$ 为三个回路设定值的调整增量 $\Delta\hat{y}_i^*(k)(i=1,2,3)$。同时,为了便于案例检索与匹配及其案例维护等操作的需要,在案例库表中增加时间 T 属性,其中特征值 t 表示案例产生的时间。

由此,基于 CBR 的自愈控制案例描述如下:

$$C_i:\{(T_i,(\underbrace{x_{1,i},\cdots,x_{11,i}}_{x_i}))\rightarrow(\underbrace{\Delta\hat{y}_{1,i}^*,\Delta\hat{y}_{2,i}^*,\Delta\hat{y}_{3,i}^*}_{f_i})\} \tag{5-54}$$

式中 $i=1,2,\cdots,m$,m 为历史案例库中案例数量。

表 5-3 　　　　　　　　　　自愈控制算法案例结构

时间	案例描述 x											案例解 f		
T	x_1	x_2	x_3	x_4	x_5	x_6	x_7	x_8	x_9	x_{10}	x_{11}	f_1	f_2	f_3
t	S	$\bar{c}_1(k)$	$\Delta\bar{c}_1(k)$	$\bar{c}_2(k)$	$\Delta\bar{c}_2(k)$	$y_1(k)$	$y_2(k)$	$y_3(k)$	$u_1(k)$	$u_2(k)$	$u_3(k)$	$\Delta\hat{y}_1^*(k)$	$\Delta\hat{y}_2^*(k)$	$\Delta\hat{y}_3^*(k)$

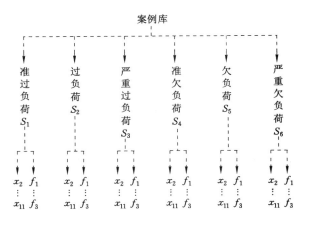

图 5-5 　自愈控制算法的案例存储结构

· 106 ·

考虑到案例描述具有枚举型和数值型两类数据,本书对由式(5-54)表示的案例采用如图 5-5 所示的层次结构存储方式,第一层为磨机负荷状态枚举层,按照磨机负荷状态分为 $S_1,\cdots,S_6$ 分为六个节点,第二层为由 $x_2,\cdots,x_{11}$ 和 f_1, f_2,f_3 组成的数值层。

（2）案例检索

基于案例的推理中重要的支撑环节是案例的检索,案例需要用各种特征指标来表示,相似度是用来衡量两个对象之间相似程度的指标,计算相似度时需考虑各种指标的权重,权值的设置决定着检索出的案例是否符合要求。案例检索常用的相似度计算方法有距离度量法、最近邻算法、归纳推理法、知识引导法以及模板检索法策略等[214],这些方法可单独或组合使用。本书针对自愈控制案例库的层次存储结构,案例检索阶段采用层次检索与相联检索相结合的混合检索方法。

检索过程为:首先在第一层节点上进行检索,即检索出磨机负荷状态与问题案例相同的节点;然后进入与第一层节点相对应的第二层节点,以磨机电流 $\bar{c}_1(k)$ 及其变化率 $\Delta\bar{c}_1(k)$、分级机电流 $\bar{c}_2(k)$ 及其变化率 $\Delta\bar{c}_2(k)$、磨机给矿量 $y_1(k)$、磨机入口给水流量 $y_2(k)$、分级机溢流浓度 $y_3(k)$、电振给矿机的电振频率 $u_1(k)$、磨机入口给水阀门开度 $u_2(k)$ 以及分级机补水阀门开度 $u_3(k)$ 为检索特征,采用基于最近邻的相连检索方式[216],查找案例库中与当前实际工况偏差相近的相似工况。最近邻法是利用基于特征的加权和来评价新案例与案例库中存储案例的相似度。近邻检索法认为两个案例的特征集是相同的,且同一特征在不同的案例中具有相同的权重。具体算法如下:

设当前 T 时刻运行工况的案例 C^T 的描述特征为 $x^T=[x_1^T,\cdots,x_{11}^T]$,当前新问题案例 C^T 与案例库中的典型案例 C_k 的相似度 $SIM(C^T,C_k)$ 为:

$$SIM(C^T,C_k)=\frac{\sum_{i=2}^{11}\lambda_i sim(x_i^T,x_{i,k})}{\sum_{i=2}^{11}\lambda_i} \tag{5-55}$$

式中,λ_i 表示案例特征 x_i 的加权系数,简称案例权值,其表示该案例特征对案例解的重要程度,满足 $\lambda_i>0$;$sim(x_i^T,x_{i,k})$ 为当前案例 C^T 特征 x_i^T 和子案例库典型案例 C_k 特征 $x_{i,k}$ 之间的相似度,定义为:

$$sim(x_i^T,x_{i,k})=1-\frac{|x_i^T-x_{i,k}|}{\max(x_i^T,x_{i,k})} \tag{5-56}$$

历史案例库中所有满足条件 $SIM_k\geqslant 0$ 的案例都被检索出来作为匹配案例,并将其按 SIM_k 及 T_k 降序排列。设 θ 表示相似度阈值,由下式确定:

$$\theta=\begin{cases}\bar{\omega}, & \text{当 } SIM_{\max}\geqslant\bar{\omega} \\ SIM_{\max}, & \text{当 } SIM_{\max}<\bar{\omega}\end{cases} \tag{5-57}$$

其中，SIM_{max}为所有上述求得的特征相似度的最大值，即$SIM_{max} = \max\limits_{k=1,\cdots,m}(SIM_k)$；$\bar{\omega} = 0.9$为案例阈值。

从上述案例检索过程可以看出，案例的特征权值对案例的匹配程度的计算和与其他案例区分起到至关重要的作用，直接影响到案例检索的结果，因此赋予特征合适的权值是极其重要的。本书采用层次分析法（analytic hierarchy process，AHP）来确定案例的特征权重[217]。

AHP是通过比较两个案例特性的主要程度，来确定各案例特性的相对重要性。其首先需要建立判断矩阵$A = (a_{ij})_{n \times n}$，$n = 10$，$a_{ij}$表示元素$i$与元素$j$重要性的比例标度，判断矩阵的值反映了人们对各因素相对重要性的认识，一般采用$1 \sim 9$比例标度对重要程度进行赋值。标度及其含义如表5-4所示。

表 5-4   判断矩阵标度及其含义

标度	含 义
1	表示两个元素相比，具有同等重要性
3	表示两个元素相比，前者比后者稍微重要
5	表示两个元素相比，前者比后者明显重要
7	表示两个元素相比，前者比后者强烈重要
9	表示两个元素相比，前者比后者极端重要
2,4,6,8	表示上述相邻判断的中间值
倒数	若元素i与元素j的重要性之比为a_{ij}，那么元素j与元素i的重要性之比为$a_{ji} = 1/a_{ij}$

由于采用层次检索方法，对应的磨机负荷状态即x_1将不参与属性重要性的比较。因而，对应本书所建立的自愈控制案例描述中，在去掉一个x_1属性后，根据专家经验知识，所建立的判断矩阵A为

$$A = \begin{bmatrix} 1 & 1 & 1 & 1 & 2 & 3 & 5 & 3 & 4 & 5 \\ 1 & 1 & 1 & 1 & 3 & 3 & 4 & 3 & 3 & 4 \\ 1 & 1 & 1 & 1 & 2 & 3 & 4 & 2 & 3 & 4 \\ 1 & 1 & 1 & 1 & 3 & 3 & 4 & 2 & 3 & 4 \\ 1/2 & 1/2 & 1/3 & 1/3 & 1 & 3 & 4 & 2 & 3 & 5 \\ 1/3 & 1/3 & 1/3 & 1/3 & 1/3 & 1 & 2 & 2 & 3 & 5 \\ 1/5 & 1/5 & 1/4 & 1/4 & 1/4 & 1/2 & 1 & 2 & 3 & 4 \\ 1/3 & 1/3 & 1/2 & 1/2 & 1/2 & 1/2 & 1/2 & 1 & 2 & 3 \\ 1/4 & 1/4 & 1/3 & 1/3 & 1/3 & 1/3 & 1/3 & 1/2 & 1 & 2 \\ 1/5 & 1/5 & 1/4 & 1/4 & 1/5 & 1/4 & 1/4 & 1/3 & 1/2 & 1 \end{bmatrix} \tag{5-58}$$

在AHP方法下，判断矩阵A的最大特征值所对应的特征向量即为各因素

的相对重要性。式(5-58)中判断矩阵 A 的最大特征值为10.7599,将所对应的特征向量整理后可得案例描述特征属性权值分别为:$\{\lambda_2,\cdots,\lambda_{10}\}=\{0.44,0.47,0.42,0.45,0.31,0.21,0.16,-0.16,011,0.07\}$。

根据上述分配的案例权值计算出相似度后,案例库中与当前运行工况的相似度达到阈值 θ 的所有历史案例都被检索出作为匹配案例。

（3）案例重用

根据检索出的匹配案例的解决方案得到新案例的解决方案,这个过程叫做案例的重用。在简单的系统中,可以直接将检索到的匹配案例的解决方案复制到新案例,作为新案例的解决方案。但在多数情况下,由于案例库中不存在与新案例完全匹配的存储案例,所以需要对存储案例的解决方案进行调整以得到新案例的解决方案。设经过案例检索与匹配后共找到 h 条匹配案例,用 C_i^M:$\{(T_i^M,x_i^M)\rightarrow f_i^M\}$ 表示匹配案例集,其中 $i=1,\cdots,h$;M 表征匹配案例特征。那么以 C^T 描述的当前 T 时刻基础控制回路预设定值的解 f_i^T 可表示为:

$$f_i^T=\frac{\sum_{i=1}^{h}(SIM(C^T,C_i^M)\times f_i^M)}{\sum_{i=1}^{h}SIM(C^T,C_i^M)} \tag{5-59}$$

当匹配案例集 C_i^M 中存在案例相似度 $SIM(C^T,C_i^M)$ 为 1,或最大相似度 SIM_{max} 与相似度阈值 θ 相等时,可直接将相似度为 1 或 θ 的匹配案例的解作为当前解,从而给出磨机给矿。磨机入口给水流量以及分级机溢流浓度三个回路设定值的调整增量,即 $\Delta\hat{y}_i^*(k)(i=1,2,3)$。

（4）案例评价以及案例修正与存储

案例重用后的解 $\Delta\hat{y}_i^*(k)(i=1,2,3)$ 与回路设定值的优化解 $\hat{y}_i^*(k)(i=1,2,3)$ 作和成为回路设定值 $\hat{y}_i^*(k)(i=,1,2,3)$ 输出到相应的底层基础回路控制器,如果磨机负荷异常工况能够消除,则将当前的新案例 C^T 直接转入案例存储;如果磨机负荷异常工况没有完全消除,则需要使用领域知识或通过经验凑试方法来对设定值增量进行调整与修正,直到异常工况消除为止,并将修正后的案例保存到案例库中。整个设定值调整算法在运行过程中随案例库中积累的状态和知识的增加而不断完善,系统解决磨机负荷异常工况问题的能力也不断增强。

随着时间的推移,案例库中的案例会不断增加,如果不采取相应的措施,很可能会出现案例重叠、案例数量增大、旧的案例适用性差等问题,势必会降低案例库的质量。此外,案例库通常采用"效用度量"的概念来维护[218],当检索相似案例的时间代价迅速上升且超过了它带来的效益时,即需要降低案例库的规模,提高案例库检索的效率。因此,为了使案例库控制在一定规模内,本书对待存储的案例 C^T,首先计算其与历史案例库 C_k 中所有案例相似度,记录最大值为 SIM_{max},若 $SIM_{max} \leqslant 0.98$,则将当前案例求解的时间、工况描述特征及解存入历史数据库;否则将与 SIM_{max} 对应的旧案例替换为当前案例,若对应的案例为多个,则替换时间最久远的案例。此外,采用人工调整的办法对案例库中一些时间久远、不适应目前工况的历史案例进行适当删减,从而控制案例库在一定规模内,以实现基于 CBR 的自愈控制算法的长期高效、快速运行。

由于本书所研究的赤铁矿磨矿过程运行控制的被控对象由生产设备的回路控制层变为整个生产过程,同时控制系统也包括运行控制和回路控制两层控制结构,其算法的有效性难以依靠传统的数值仿真来验证,因此本书研制了磨矿运行优化控制半实物仿真实验系统,利用此系统来验证本书所提方法的有效性和先进性。本书第 4 章对该半实物系统进行了详细说明,并给出了本书方法与现有方法的对比仿真实验结果。

5.4　本章小结

本章针对赤铁矿磨矿过程中存在的运行指标与控制回路输出之间的动态特性难以用数学模型描述,并受矿石性质频繁波动干扰,常常导致磨矿粒度波动在目标值范围外,并易引发球磨机"涨肚"和"空砸"事故的问题,结合赤铁矿磨矿过程参数时变、多变量、非线性的特性,将神经网络,案例推理与规则推理技术相结合,提出了由回路设定值优化和负荷异常工况诊断与自愈控制组成的数据驱动的赤铁矿磨矿过程运行优化控制算法。其中,回路设定值优化由基于串联神经网络的回路预设定值优化和基于规则推理的优化回路设定值选择组成,用于给出实现磨矿粒度优化控制目标的回路设定值。负荷异常工况诊断与自愈控制采用规则推理与案例推理技术,根据磨机与分级机电流在线估计磨机负荷状态,在磨机负荷异常发生或即将发生时,通过调整回路设定值,并在底层基础回路控制的作用下,使系统远离故障工况运行。

第6章　面向运行优化控制方法研究的组态软件平台

赤铁矿磨矿过程的运行优化控制涉及运行指标软测量、优化控制、异常工况诊断、自愈控制等复杂算法。DCS/PLC 的控制算法组态软件平台因无法满足复杂算法的开发与运行要求而无法用于实现赤铁矿磨矿过程的运行优化控制,而已有的运行优化与控制商业软件均对算法采用封闭模式,不具备算法组态功能,无法根据赤铁矿磨矿过程的实际特性对其内在封装的算法进行修改或替换。目前为止,国内外均没有一个适合运行优化与控制算法研究与开发的软件平台。为此,本章介绍开发的可用于磨矿过程运行优化控制方法研究的组态软件平台,并实例验证了第 5 章所提出的面向生产安全的赤铁矿磨矿过程运行优化控制方法。

6.1　组态软件平台需求分析

工业生产过程的信息化与自动化一直是国内企业的短板,这也将是行业内今后工作的重点。2012 年出台的"智能制造装备'十二五'规划",也将进一步深入推动信息化的发展。从工业用户的角度来看,随着设备硬件可靠性逐渐提高,软件的重要性日益凸显。当前,为实现工业过程的基础回路控制,国外高技术公司为 DCS 控制系统硬件平台提供了日益完善的配套软件。企业利用其所提供的图形编程接口,无需投入大量的人力、财力,即可方便地实现基础回路控制、逻辑联锁、数据监控、报表管理的功能。

近年来,运行优化与控制算法在理论上取得了一系列的进步,多种具有应用前景的运行控制策略[2,3,6,7]被相继提出,但由于其算法复杂,通常以具有高性能的 PC 为硬件平台,然而到目前为止,国际国内均没有一个统一的算法编程软件环境。企业常常需要投入大量的人力、财力来开发相应的软件,这就需要控制工程师具有一定的软件与计算机技术。但由于控制工程师编程水平的限制,所开发的软件系统往往是定制的,只是针对某一工艺的具有特定功能的软件系统,不具有开放性和二次开发性,难以重复利用。这种 case-by-case 的开发模式无论在灵活性还是在维护性与扩展性上,均不利于针对磨矿过程自身的工艺和特点来调整软件的控制算法,无法满足现代企业对自动化软件的需求。此外,对于高校学者,其大量的研究工作大多数是使用 Matlab,Python 等科学计算软件来开展的。显然,将这些研究成果向工业应用的转换需要大量的工作,大大增加了项目周期。因此,从算法研究与应用以及项目开发成本考虑出发,迫切需要一套能够提供运行优化与控制算法开发的组态软件平台。

6.1.1 功能需求

本节主要分析运行优化控制算法图形化组态以及算法重用两个重要功能的必要性。

6.1.1.1 运行优化控制算法图形化组态功能的必要性

企业自动控制工程师的主要任务是根据过程对象的特性,设计并开发出安全、稳定、动静态满足生产要求的运行优化控制系统,并在对象特性发生变化,当控制系统性能可能无法满足生产工艺要求时,能够及时修改控制算法,以适应变化的生产环境。因此,在运行优化控制软件系统投入使用后,不可避免地要进行算法的修改与维护。然而,在软件开发的不同阶段进行修改需要付出的代价是很不相同的,在早期引入一个变动要对所有已完成的配置成分做相应的修改,随着软件开发的进度所付出的代价剧增。图 6-1 定性地的描绘了在不同时期引入一个变动需要付出的代价的变化趋势。在软件已经完成时再引入变化,势必需要付出更高的代价。根据美国一些软件公司的统计资料,在后期引入一个变动比早期引入相同变动所需付出的代价高 2～3 个数量级。统计数据表明,实际上用于软件维护的费用占软件总费用的 $55\%～70\%$[219]。

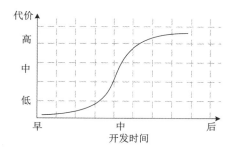

图 6-1　引入同一变化付出的代价随时间变化的趋势

企业对算法软件变化以及低维护成本的需求,对所开发的运行优化控制软件平台的灵活性、易用性、可维护性都提出了更高的要求。由于图形化组态是快速、直观构建与维护复杂运行优化控制策略或算法的最为行之有效的手段,因此,运行优化控制算法的图形化组态必然成为面向运行优化控制方法研究的软件平台的首要核心功能。

组态(Configure)具有"配置"、"设定"、"设置"等含义,是指用户通过类似"搭积木"的简单方式来完成自己所需要的软件功能,而不需要编写计算机程序。运行优化控制算法图形化组态即是一种利用已提供的运行指标预测、优化、控制等复杂算法单元以"搭积木"方法来完成运行优化控制策略的图形编程环境。以 DCS 组态软件为例,在组态软件出现之前,要开发某一基础回路控制系统,都是通过编写程序(如使用 BASIC,C,FORTRAN 等)来实现的。编写程序不但工作量大、周期长,而且容易犯错误,不能保证工期。组态软件的出现解决了这个问题。过去需要几个月的工作,通过组态几天就可以完成。同样,对于运行优化控制软件系统的快速搭建必然离不开组态技术。

6.1.1.2　运行优化控制算法重用功能的必要性

软件平台面向的用户主要包括企业的自动化控制工程师,高校/研究所的运行优化控制算法研究人员,这些用户软件编程水平参差不齐,所使用的编程语言也不相同。因此,当前的用户可以访问或再利用其他用户通过其他编程语言所开发的算法,成为软件必不可少的功能,也就是算法重用功能。具体来说,运行优化控制算法重用是指利用事先建立好的运行指标预测、优化、控制等复杂算法来创建运行优化控制方程的过程。这个定义蕴含着运行优化控制算法重用所必须包含的两个方面:① 系统地使用可重用的复杂算法单元模块来搭建运行优化控制方法;② 以一套完整的运行优化控制方法为模板,在此基础上建立新的运行优化控制方法。

总体来说,运行优化控制算法重用具有以下优点:① 提高运行优化控制软件系统生成率,缩短开发周期;② 减少运行优化控制软件系统开发人员数量,降低开发代价;③ 便于形成更加标准化的运行优化控制软件系统;④ 增强运行优化控制软件系统的互操作性。具体来说,运行优化控制算法重用可将经过测试或验证的复杂算法保存为系统的算法资源并可以随时调用。工程师在项目开发过程中,并不需要关心已有算法所使用的编程语言,只需根据已定义的输入输出接口来快速开发满足系统功能需求的新的运行优化控制策略或算法,这大大节省了软件开发时间和精力,加快了工业应用。此外,运行优化控制算法重用还可以方便实现在实际工业现场进行不同算法的对比分析,使每一个算法资源得以充分的利用。

6.1.2　性能需求

由于所开发的软件平台多应用在如赤铁矿磨矿过程这样的复杂生产过程,

软件的性能直接影响实际生产情况,因此对软件的可用性、快速性、容错性、安全性、可靠性、并发性和可扩展性等性能提出了更高的要求。

① 可用性:软件用户界面良好、易操作、要有长时间无故障持续运行的能力,要求平台稳定运行时间大于 120 h,或软件运行次数 100 次以上,不会发生中断退出现象。

② 快速性:系统响应快速便捷,在运行期间不出现界面卡死现象。

③ 容错性:应尽量使用成熟可靠的技术手段,加强容错处理,给用户操作进行提示和指导,对可能的错误操作和运行过程中可能发生的意外进行捕获和处理,保证平台具有较强的稳定性。

④ 安全性,可靠性:软件考虑了系统用户及操作安全性,考虑了变量与参数值合法性以及数据传递可靠性和安全性。

⑤ 并发性:当两个或多个算法以及操作事件在同一时间间隔内发生时,可在多线程环境下并行处理与执行。

⑥ 可扩展性:为使软件能在今后较长的时期内持续发挥良好的作用,要求软件具有较好的可扩展性。如:尽量在不影响其他功能模块情况下,可根据需要添加、修改、删除功能模块;能较方便地实现新格式数据文件的导入和导出;各功能模块之间应相对独立,可直接升级有故障的功能模块;新研发的软件功能模块能较方便地集成到系统中,无需重新打包。

6.2　组态软件平台整体设计

通过上述需求分析可以看出,赤铁矿磨矿运行优化控制组态软件平台开发的目标是:提供一个支持运行优化算法重用与组态的图形编程与运行环境,从而便于运行优化控制算法的设计与开发。为实现这一目标,所采用的解决方案如图 6-2 所示。

首先通过定义统一的算法接口,将不同功能、不同编程语言创建的算法功能模块进行统一管理。然后在运行优化控制组态中,通过算法功能模块的重用与复用,借助于图形化的编程方式,搭建所需要的控制策略。一个完整的控制策略通常是由多个具有特性功能的算法单元模块根据一定的数据连接关系构建而成的,因此为了实现所有算法单元模块能够根据数据流正确地依次自动执行,需要建立运行管理系统,对所组态的控制策略进行运行前的校验与运行时的算法单元模块调配。

由图形组态出的控制策略是一种人为理解控制系统的表示形式,如何让计算机"看懂"控制策略的执行过程,需要用一种基于图论的数学描述语言来动态

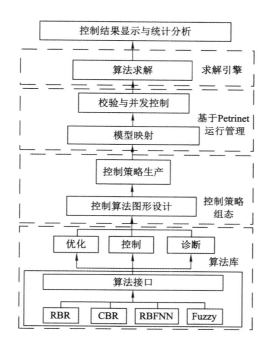

图 6-2　运行优化控制组态软件平台整体解决方案

分析控制策略的行为特性。运行管理采用 Petri 网建模,根据控制策略的连接关系得到 Petri 网意义下控制策略的表示方式,通过信息流动,最终对各个算法单元模块进行统一的调配。当 Petri 网激活某一算法单元模块时,即立刻调用算法求解程序,实现算法的计算,并将结果反馈系统用于数据显示与统计分析。

6.2.1　平台整体功能设计

根据上述整体解决方案,运行优化控制组态软件平台的总体功能模块如图 6-3 所示,包括运行优化控制算法图形化组态、算法管理模块、控制策略校验与自动执行模块、算法求解模块、变量管理模块、数据显示与分析模块、数据通讯模块、历史数据库模块。

算法管理模块:实现运行优化控制算法的注册、维护和分组管理的功能。算法单元是具有不同功能的算法模块,是算法库的基本组成单元。注册是将脚本文件、Matlab 文件或动态链接库文件等算法文件定义到平台中作为算法单元存储下来。为满足特殊需求和算法的可维护与可扩展性,平台提供自定义算法接口,允许使用封装功能将自定义的算法注册到系统中使用,形成具有唯一标识的算法单元为运行优化控制策略组态提供算法资源。算法自定义包括绘制表征图元、指定算法文件、定义数据接口。其中算法可使用选择 Jscript,VB-Script,Python 和 Matlab 等脚本语言中的一种来定义,并支持用高级编译语言 C++,C♯制作的动态链接库的调用。数据接口定义算法模块的输入/输出。平台为算法表征图元的绘制提供基本绘图工具,并支持 bmp、png 等多种格式的拷贝。

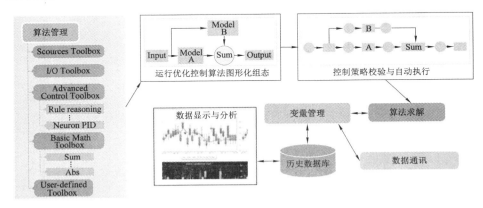

图 6-3　运行优化控制组态软件平台的功能结构图

运行优化控制算法图形化组态模块:为复杂运行优化控制算法提供组态、模块属性配置、模块连接的运行支撑环境。算法单元必须是本发明提供的方法或是在算法管理模块中注册成功的完整模块才能以"搭积木"的方式添加到运行优化控制策略中。

控制策略校验与自动执行模块:通过图形建模分析工具确定运行优化控制各算法单元的连接关系,利用集成的自动执行机制给出所有算法单元的运算顺序并校验,当有不正确的连接关系时,给出报警信息。

算法求解模块:得到算法单元的运算顺序后,可以调用求解程序按顺序计算运行优化控制策略的算法功能单元。运行时根据算法类型,自动选择不同的求解程序,包括第三方求解软件。

变量管理模块:与算法有关的所有变量均保存在变量管理模块中。该模块的主要功能是:① 对软件所用变量统一管理,可以根据变量属性进行分类查询和修改;② 与第三方软件或控制器的数据访问接口,形成变量与具体工业 DCS/PLC 控制系统中的标签映射,使软件本身组态、配置、测试不依赖于具体基础控制回路标签;③ 充当用于存储运行优化控制算法数据实时数据库,并定期将数据根据归档配置保存到历史数据库,提供结果查询与分析的数据源。

　　数据显示与分析模块：以图表显示形式对数据进行查看与维护，包括工艺指标数据监控、边界条件数据监控、运行优化控制结果数据监控以及过程信息数据显示与分析。

　　数据通讯模块：包括控制系统通讯模块，数据库通讯模块以及消息中间件模块。控制系统通讯模块读取 DCS/PLC 的服务器中的过程数据，并下载设定值数据。数据库通讯模块与消息中间件模块为指标数据读取接口，用于产生磨矿粒度指标的应用程序可通过此接口将磨矿粒度指标期望值下载到本系统。

6.2.2　平台整体结构设计

　　运行优化控制组态软件平台总体结构如图 6-4 所示，共分为组态层、运行层、数据服务层、数据访问层、表现层。

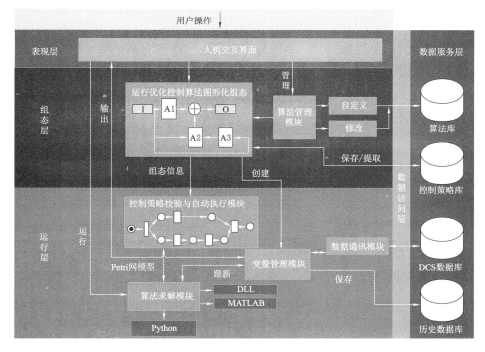

图 6-4　软件平台总体结构

　　① 组态层：为复杂运行优化控制算法提供组态，包括算法单元模块属性配置、连接的支撑环境，主要包括运行优化控制算法图形化组态模块与算法管理模块。

② 运行层：提供运行优化控制算法运行与数据监视环境。主要由控制策略校验与自动执行模块、算法求解模块、变量管理模块组成。控制策略校验与自动执行模块根据 Petri 网理论负责对组成运行优化控制的算法单元模块的调用，算法求解模块对调用的算法单元模块进行求解，并将计算结果输出到表现层。

③ 数据服务层：提供系统的算法模型以及数据支持，其包括了算法库、控制策略库、DCS 数据源、历史数据库。其中 DCS 数据源当前指存放在 OPC 服务中的基础回路控制过程数据。

④ 数据访问层：提供对其他层的数据服务功能。具体包括对历史数据库中数据的操作、DCS 数据库中数据的操作。在不改变其他层数据关系的情况下，只需改变数据服务层中对数据库的连接即可适应数据服务层的变化，从而有效地保持系统的可扩展性和灵活性。

⑤ 表现层：用于提供用户人机交互界面，对组态层、运行层等界面进行操作管理。

6.3 关键技术的研究与实现

运行优化控制组态软件平台的开发所涉及的关键技术包括组件技术、算法图形化组态技术、算法重用技术、控制策略校验与自动执行技术、算法求解技术与数据交互技术。这些关键技术是功能模块的实现基础，其关系如图 6-5 所示。本节将主要讨论这些关键技术的研究与软件实现。

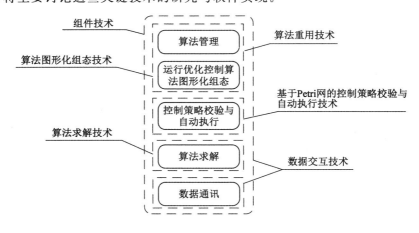

图 6-5　功能模块开发涉及的关键技术

6.3.1　组件技术的研究与实现

在传统的软件开发模式中,通常各个功能业务间紧密耦合在一起,一旦程序中有一处改动就会产生连锁反应,导致一系列相关模块改动,给程序的修改或维护带来极大不便,大大增加了工作量。基于组件的软件开发模式,首先是把不同的功能业务封装成一个独立的功能模块,然后利用已定义的标准应用接口将功能模块集成,具体的功能业务则只是通过调用和集成这些功能模块来实现,每个功能模块的变动不会影响其他功能模块[220-221]。其主要特点:① 即插即用:组件可以方便地集成于系统中,不用修改代码,也不用重新编译;② 以接口为核心:组件的接口和实现是分离的,组件通过接口实现与其他组件或系统的交互,组件的具体实现被封装在内部,组装者只关心接口,不必知道实现的细节;③ 标准化:组件的接口必须严格地标准化,这是组件技术成熟的标志之一。利用组件,可实现软件的大粒度复用,达到缩短开发周期、提高软件质量、降低软件维护成本的目的。因此,本书所有的功能模块均采用组件模式进行开发。

6.3.1.1　组件技术研究

目前,组件的主要标准有国际通用的 CORBA(Common Object Request Broker Architecture)、Sun 公司针对 Java 推出的 EJB(Enterprise JavaBean)、Microsoft 推出的 COM(Component Object Model)/CLR(Common Intermediate Runtime)。由于开发语言与开发环境的偏好以及 CLR 较 COM 具有的无比优越性,本书主要采用 CLR 组件技术来实现软件平台的开发。

CLR 是为了解决 COM 组件技术存在的问题而开发的,与 COM(没有标准格式来描述约定)不同的是,CLR 有完全规范的格式来描述组件之间的约定,即元数据(metadata),其格式是公开的、可读的、国际标准化的、完全规范的,不像 COM 的元数据(IDL 和 TLB)不仅难以定制和扩展,又缺少依赖和版本信息。作为微软.Net 框架的一部分,CLR 允许分享用任意.Net 支持语言(如 Visual Basic、Visual C++、或者 C♯)编写的通用的面向对象的类的程序。程序集(Assembly,装配/汇编)就是 CLR 中的组件,它是一种功能上不可分割的逻辑单元,由一个或多个模块(module,DLL 或 EXE 文件)组成。大多数程序集就是一个 DLL,所以程序集也被称为“托管 DLL”。

在组件模式中,如何实现组件动态调用、重用和组合,是软件开发的关键,不仅决定了软件的开发效率,还将直接影响软件的运行效率。.Net 平台提供了一个可扩展性管理框架(Managed Extensibility Framework,MEF),其能够动态创建扩展,无需扩展应用程序,也不需要任何特定于扩展内容的知识。这可以确保在编译时两者之间不存在耦合,使应用程序能够在运行时扩展,不需要重新编译,可高效地实现组件的封装、动态装配、替换、重用与组合。本书采用MEF 来实现软件平台的功能模块化、组件式开发。

   MEF 的组成主要包括一个宿主(Host Application),一个容器(Container)日志(Catalog)和若干个组件或者部件(Parts),如图 6-6 所示。实现扩展组件的主要方式是:Parts 以契约(Contracts)方式导出(Export)属性,宿主 Host Application 在程序中需要调用组件 Parts 的位置按照契约 Contracts 导入(Import)属性。软件运行时,Container 通过日志 Catalog 来查询相应的 Parts,Container 用于协调创建和梳理依赖性,宿主 Host Application 通过使用容器Container 按照契约 Contracts 来使用组件 Parts。MEF 的工作原理可以总结成三个词:导出 Export、导入 Import 和组合 Composite。

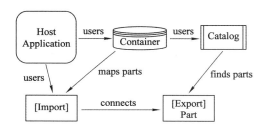

图 6-6　MEF 实现机制

   导入与导出属性可以看作是供应商和消费者的关系,导出组件按照约定提供了一些价值;导入组件按照约定消费这些价值。Parts 不仅可以作为组件导出属性,同时也可作为宿主 Host Application 导入其他 Parts 提供的属性,如图6-7 所示。MEF 设计了几个不同的 Catalog 类来指定要查找的部件的范围,比如说 TypeCatalog 类指定要查找的部件的类型,而 AssemblyCatalog 则表示要查找的部件所在的程序集,DirectoryCatalog 指定要查找的部件所在的文件目录。

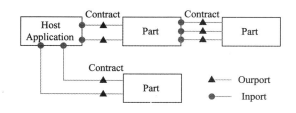

图 6-7　MEF 工作原理

6.3.1.2　软件实现

软件平台的各个功能模块以 Parts 的组件形式存在,并通过开发寄主程序将所有组件集成起来使用,这样不仅满足对新功能扩展的要求,而且在功能模块维护时,不需要改变整个软件结构,避免了大量繁琐的编程工作。

为了实现多层次构建软件平台,平台定了多个契约接口类,包括 ILayout,ITopZone,IMiddleZone,IBottomZone,ITool,IUserContent。根据不同的契约类开发了不同的组件,组件间的契约关系如图 6-8 所示。

ILayout 为程序与主界面应用组件间的输入输出契约;ITopZone 为主界面应用组件与软件顶端显示组件间的输入输出契约;IMiddleZone 为主界面应用组件与软件中部功能分类显示组件间的输入输出契约;IBottomZone 为主界面应用组件与软件底部显示组件间的输入输出契约;ITool 为功能分类显示组件与功能集合组件间的输入输出契约。IUserContent 为功能集合组件间与功能组件间的输入输出契约。每个契约接口类的属性如表 6-1 所示。

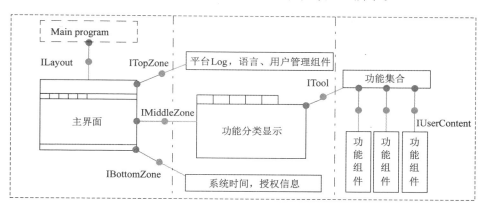

图 6-8　组件间的契约关系

表 6-1　　　　　　　　　契约接口类的属性与方法

属性(方法)	类型(返回值)	说　明
Name	String	组件名称
TitleResource	String	组件标题名称
Description	String	组件描述
InstanceTag	String	组件实例标识
GetCom()	FrameworkElement	返回组件用户界面

本平台中,由于功能组件不仅封装了具体的功能逻辑运算,还包括用户界

面 UI,平台所开发的功能组件均继承于用户控件 UserControl 类。契约接口类的实例对象通过 GetCom()方法调用功能组件,并通过 Export(typeof(Contract))函数,向外部发布输出属性。GetCom()方法的具体如下:

```
public FrameworkElement GetCom()
{
UCUserContentClass uc = new UCUserContentClass ();
uc. Tag = this;
return uc;
}
```

通过契约 Contract 导入并执行所开发组件的方法如下:

① 定义导入组件:

```
[ImportMany(typeof(Contract))]
publicContract [] usercontent{get;set;}
```

② 定义组件目录 catalog:

```
DirectoryCatalog catalog=new DirectoryCatalog(@". \");
```

③ 创建宿主容器 container:

```
CompositionContainer container=new CompositionContainer(catalog);
```

④ 拼装组件:

```
container. ComposeParts(this);
```

⑤ 调用组件:

```
foreach (var com in this. usercontent)
{//com. show();}
```

6.3.2 算法图形化组态技术的研究与实现

组态的概念最早出现在工业计算机控制中,如 DCS/PLC 的控制程序与人机界面组态软件。在组态软件出现之前,工业控制计算机系统的软件功能(如实时数据库、历史数据库、数据点的生产、控制回路以及图形、报表的实现)是靠软件人员通过编程实现的,工作量大得惊人且通用性极差。随着 DCS 的发展,人们越来越重视系统的软件组态和配置功能,即系统中配有一套功能十分齐全的组态生成工具软件。这套组态软件通用性很强,可以适应于一大类应用对象,而且系统执行程序代码部分一般是固定不变的,为适合不同的应用对象只需要改变数据实体即可,这就是组态技术。所谓算法图形组态是指算法的编程不是通过代码编程,而是利用图形化编辑语言来完成的,所产生的算法以框图的形式呈现。用户只需具有最基本的编程技能,不需去编写一行行代码,而是用搭建图形的方式,将图形元素组合出复杂的算法。

6.3.2.1　算法图形化组态技术研究

当前,DCS/PLC 控制程序的编程几乎都采用了组态技术。国际电工委员会针对 DCS/PLC 制定的工业控制编程语言标准(IEC1131-3)中梯形图语言(LAD)、功能模块图语言(FBD)、顺序功能流程图语言(SFC)均是图形编程语言,提供了算法图形化组态环境。

在其他应用软件中也使用了算法图形化组态技术,如美国国家仪器(NI)公司研制开发的数据采集和仪器控制软件 LABVIEW;美国 MathWorks 公司开发的控制系统建模、仿真软件 Simulink;由法国国家信息、自动化研究院(IN-RIA)的科学家们开发的图形化动态模型仿真软件 Scicos[222] 等。最近,谷歌推出了基于 Web 的图形化编程语言 Blockly,只需拖动图形块即可构建简单的应用程序,无需输入任何代码,类似于拼图游戏。在 Blockly 中,每个图形块代表了一组代码,这些图形块可以表示控制语句、逻辑语句、运算符、文本操作、变量等。这些算法图形化组态软件以及图形编程语言均提供了一个建立模型方块图的图形用户接口(GUI),这个创建过程只需单击和拖动鼠标操作就能完成,它提供了一种更快捷、直接明了的方式。

开发人员在使用上述算法组态软件时,一般是先希望把平台提供的算法功能模块通过鼠标拖放到控制算法组态编辑器中,然后再按照已设计的控制策略,利用图形功能,将所有的算法功能模块采用连线方式组合起来。要满足这些要求,算法图形化组态需要具有以下基本功能。

(1)编辑算法功能模块的图元对象

图元对象是算法功能模块的外在表现,其可以是圆、半圆、椭圆、矩形、多边形、正多边形、填充图形、位图等。平台对不同功能的算法单元采用不同的图元表示。此外,对已创建的图形算法功能模块,用户还可对其作进一步调整和修改。

(2)连接算法功能模块

当找到并使用实现控制系统所需要的所有算法功能模块后,下面的问题就是如何将这些独立的不同算法功能模块通过数据连接,即连接器,组成一个有机的相互协调、能共同完成运行优化控制任务的一个系统。连接器需要指明数据来自于哪个算法功能模块和要指向哪个算法功能模块。连接器的数据流向都是正向的,并提供数据流向的指示箭头,箭头由数据源算法功能模块指向目的算法功能模块。组态中,连接器的生成应是通过鼠标来完成的,并在创建后可对其进行位置,线型、宽度等编辑操作。

6.3.2.2 软件实现

　　根据上文的算法图形化组态的功能需求,运行优化控制算法图形组态主要由图元对象和图形组态工具对象两大类对象构成。其中图元对象用于实现算法功能模块与数据连接器的图形表示;图形组态工具对象用于在界面上操作和控制这些图元对象。

　　图元对象模型给出了组态界面系统支持的所有图元的类结构和相互关系,是图形组态功能的核心模块之一,组态的所有图形功能都建立在图元之上。由于组态图形界面系统对所支持的图形要求具有一定通用性,所以图元的类型繁多,形状复杂,可以利用面向对象方法的封装、继承等特点来实现建立图元对象模型。建立的模型具有层次性、重用性和扩展性等特点。图元对象模型静态类图如图 6-9 所示。

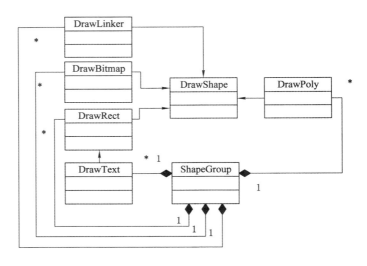

图 6-9　图元对象模型的静态类图

　　在图元对象模型中,类 DrawShape 是抽象基类,不表征具体的对象,但它定义了所有图元类具有的共同属性和操作接口,是其他图元类的父类。类 Draw-Bitmap 定义了对位图的操作,它使得图元可以载入由其他程序生产的位图文件,使模块更加美观、形象,系统更具开放性。类 DrawRect 是矩形类,可绘制的图形包括矩形、圆角矩形、多边形、圆、直线、曲线等一般图形元素。类 Draw-Text 负责文本的显示。类 DrawPoly 主要绘制不规则的曲线,如贝塞尔曲线等。类 DrawLinker 是连接器类,用于绘制带箭头的线段,表示两个图元对象的连接。类 ShapeGroup 是一个组合类,它可以将多个图元对象折合成一个图形,从而提供了一种由现有的简单图形对象构成复杂图形对象的途径。

图元对象模型主要由七个类和它们之间的关系构成。类是指具有相同属性和操作的一组对象的集合,它为属于该类的全部对象提供统一的抽象描述,其内部包括属性和操作。类建立了对具有相似特征的一类现实事物的抽象,它忽略事物的非本质特征,只注意那些与当前目标有关的本质特征,从而找出事物的共性,把具有共同性质的事物划分为一类,得出一个抽象的概念,即模型中标识该类事物的类。所以,一个类往往是与现实世界的一类事物相对应的。

图形组态工具对象模型给出了组态系统为支持图形生产和编辑而建立的用于操作图元对象的工具对象模型,是将用户在界面上的操作翻译成组态画面上图元操作的翻译工具,是用户与组态系统对象联系的桥梁。图形组态工具对象模型主要功能表现在对图元的操作与控制功能,如图元的生产、编辑、撤销、移动、选择等。由于组态的图元类型比较多,每种类型的图元支持的属性和操作都有一定的区别。用户根据所操作的图元对象的种类的选择相应的操作工具,利用这个工具来编辑图元对象。图形组态工具对象模型的静态类图如图 6-10 所示。

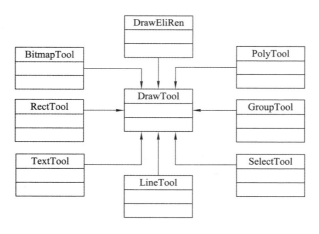

图 6-10　图形组态工具对象模型的静态类图

DrawTool 类是所有图形操作工具对象的基类,它定义了组态工具对象支持的控制接口,其他组态工具类都是从 DrawTool 类派生出来的。如选择工具类 SelectTool 定义了用户对图元的选中操作,一次可选择一个或多个图元对象。组合对象工具类 GroupTool 定义了对建立的组合图元对象 DrawGroup 的组合、拆分等操作。矩形工具类 RectTool、位图工具类 BitmapTool 与线工具类 LineTool 分别定义了对矩形、位图和线的操作与控制。清除与恢复类 DrawEli-

Ren 定义了对画面进行清除以及恢复的操作与控制。清除时，对用户所选定的图元对象进行清除。恢复时，按照图元对象被清除的顺序倒序逐个恢复。

6.3.3 算法重用技术的研究与实现

6.3.3.1 算法重用技术研究

一个典型的运行优化控制方法通常由一些含有具体功能的算法功能模块和连接它们的数据连接构成。这些功能模块按其功能可以分为输入单元、算法单元和输出单元。其中输入单元是运行优化控制方法的起始点，用于接收输入信息，并将这些信息传递给与它相连的算法单元；算法单元是具有特定功能的算法模块，比如磨矿粒度软测量算法、预设定值优化算法等，它接收输入单元或其他算法单元的输出信息，经过内部函数的作用后将信息传递给输出单元或是其他的算法单元；输出单元是控制算法的结束点，用于接收算法单元计算完的输出信息，并将这些信息下装到基础过程控制回路。运行优化控制算法图形化组态中，算法单元的实现不尽相同，其可以是平台现有的，也可以是自定义的，或是由第三方应用程序开发后封装到平台中的，因此算法功能模块要求强扩展性。当需要支持新的第三方应用程序开发的算法时，需要对其创建类及其结构与方法，并在算法重用时添加对该类的支持。这样提高了二次开发的难度及工作量。设计模式能够帮助软件系统设计开发人员做出有利于系统复用和可扩展的选择，避免设计损害了系统复用性与开放性[223]。其中工厂模式可利用反射机制在重用算法模块时控制算法功能模块的实例化。因此本书通过研究设计模式中的工厂模型来设计算法功能模块，使其适合运行优化控制算法组态过程中调用算法功能模块的实际需求。

工厂模式用于定义一个用于创建对象的接口，让子类决定实例化哪一个类，使一个类的实例化延迟到子类。多在下列情况下可以使用工厂模型：① 当一个类不知道它所必须创建的对象的类时；② 当一个类希望由它的子类来指定它所创建的对象时；③ 当类将创建对象的职责委托给多个帮助子类中的某一个，并且希望将那一个帮助子类是代理者这一信息局部化时。

工厂模式结构如图 6-11 所示。其中 IProduct 接口类定义工厂模型所创建的对象的接口；ProductA 和 ProductB 是实现 IProduct 接口的类；Factory 即为工厂模型类，其中的 CreateProduct 方法可以调用该方法创建一个实现了 IProduct 接口的类的对象，其参数为类的名称，返回值为该类的实例。通过上述方式，工厂模型不再将与特定产品有关的类绑定到程序代码中，程序代码仅处理 IProduct 接口，因此它可以与用户定义的任何实现了 IProduct 接口的类一起使用。

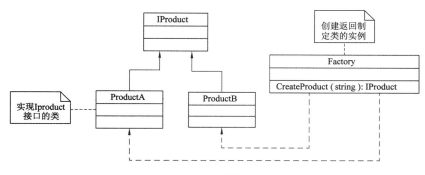

图 6-11   工厂模式结构

6.3.3.2   软件实现

为了便于扩展运行优化控制算法,软件平台提供了算法自定义的功能。通过算法的自定义功能可选择算法的图元对象与实现类型。软件平台提供了一个图形编辑器来支持辅助设计算法的图元对象。对于算法的实现类型,当前平台主要支持 DLL、Python 和 M 文件三种。其中 DLL 文件为采用高级编译语言 C++或 C♯制作的. Net 框架下的动态链接库,其需要在 Visual Studio 环境下开发;Python 文件为采用 Python 脚本实现的算法文件,平台为其提供了编程环境;M 文件为采用科学计算软件 Matlab 脚本实现的算法文件,需要在 Matlab 环境下开发。

由于所开发的软件平台所涉及的用户较广,不仅包括研究所或高校的运行优化与控制算法研究人员,还包括企业的自动化工程师。用户知识水平不同,所掌握的编程环境与编程语言均不相同。考虑到以后可能随着需求的增加,需要支持其他第三方应用软件实现的运行优化控制算法,本书采用工厂模式,设计了如图 6-12 所示的运行优化控制算法功能模块类。

其中:

FactoryFB 为实现算法功能模块重用的工厂类。

IIOFunBolck 为输入输出单元模块的抽象类。

IFunBolck 为具体的输入单元模块类。

OFunBolck 为具体的输出单元模块类。

IAFunBolck 为算法单元模块的抽象类。

DLLFunBolck 为采用 DLL 实现的算法单元模块类。

MFunBolck 为采用 Matlab 实现的算法单元模块类。

PFunBolck 为采用 Python 脚本实现的算法单元模块类。

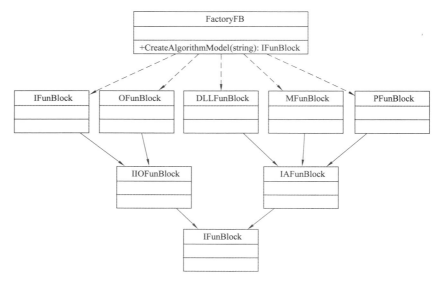

图 6-12　算法功能模块的静态类图

　　功能模块的属性和方法如表 6-2 和表 6-3 所示。其中 ID 是该功能模块区别于其他模块的标识符,具有唯一性,由软件平台统一管理,而 InstanceName 是模块重用后的名字,由用户创建与修改。Type 与 StorageAddress 分别用于指示算法的实现类型与其在硬盘中存储地址,以便在算法求解时使用。Shape 的类型为 6.3.2 节所创建的图形对象类 DrawShape,是该算法功能模块在算法组态中的图形表示。

　　当把算法功能模块通过拖拽的方式添加到算法组态界面时,软件平台首先根据需要重用的算法功能模块的 ID 来查找算法类型 Type,然后调用算法工厂类 FactoryFB,根据 Type 来实例化一个相应的算法功能模块,并默认设置一个 InstanceName 属性,从而实现算法的重用。

表 6-2　　　　　　　　　　　　　　功能模块的属性

属　性	类　型	说　明
ID	String	模块的唯一识符
InstanceName	String	模块实例名称
Type	String	模块的类型
StorageAddress	String	存储地址
Decription	String	模块描述

续表 6-2

属　性	类　型	说　明
Shape	DrawShape	模块在组态界面的图元
Position	Point	模块在组态界面位置
InputVars	List＜Variable＞	模块的输入
OutputVars	List＜Variable＞	模块的输出

表 6-3　　　　　　　　　　**功能模块的方法**

方　法	返回值	参　数	说　明
Show	bool	Void	更新显示
GetBlockStartLinksCount	int	IFunBlock	获取模块输入端连接模块的数量
GetStartLinkBlockAtIndex	IFunBlock	IFunBlock，int	获取模块输入端连接的模块
GetBlockEndLinksCount	int	IFunBlock	获取模块输出端连接模块的数量
GetEndLinkBlockAtIndex	IFunBlock	IFunBlock，int	获取模块输出端连接的模块

6.3.4　基于 Petri 网的控制策略校验与自动执行技术的研究与实现

所组态的运行优化控制算法的运算过程即是其所使用的所有单元模块,按照数据连接关系依次或并行运行,从而得到最终期望的控制结果的过程。这种运行过程是由一个个离散事件和其状态变化组合起来的,因此整个运行优化控制算法的自动执行本质上是一个典型的离散事件系统(Discrete Event System,DES)。

对 DES 的理论研究根据系统模型功能可划分为系统性能分析和系统监控理论。DES 系统性能分析的目的是在一定条件下优化系统的性能指标,使系统更有效地提供服务,为设计新的系统或者改进现有系统提供依据。所采用的主要方法有扰动分析法、排队论法、马尔柯夫链等。DES 系统监控理论具体来说,就是监控系统行为并使其不进入特定的不良状态,从而达到期望的性能要求,对所组态的运行优化控制的自动执行属于这一理论体系。在其研究工具领域,由于有限状态自动机与 Petri 网以事件和状态为基本因素,更便于描述离散事件间的逻辑关系,因此成为 DES 系统监控理论的主要研究工具。

与有限自动机相比,Petri 网在 DES 系统监控方面更具优势,其不仅是一种图形化的建模工具,直观、易懂、易掌握和理解,还是正规语言的严格超集,是一种比有限自动机更复杂的语言。而且,Petri 采用标识来标记状态,对系统状态的描述更紧凑,可进行模块化分析与建模,适用于大规模系统。此外,以有限状

129　●

态自动机为工具设计出的控制器是逻辑型控制器,而以 Petri 网为工具设计出的控制器一般是结构型控制器。逻辑型控制器是指控制系统的控制策略由一个函数表示,每个控制动作都依据系统的当前状态函数来决定。而结构型控制器本身是一个 Petri 子网,即控制器子网,控制策略被有机地集成到受控 Petri 网中。由于控制器子网的存在,受控 Petri 网中的被控对象的运行受到制约,以满足给定的控制约束。因此与逻辑型控制器(有限状态自动机)相比,结构型控制器(Petri 网)明显计算更快、效率更高。经过 40 多年的发展,Petri 网已经被证明不仅具有充分的模拟能力和丰富的分析方法,而且已经被成功地应用于柔性制造系统[224]、人工智能[225-226],计算机科学[227]等领域。本书所开发的软件平台即是以基于 Petri 网理论为基础,通过建立 Petri 网的运行优化控制策略模型来实现控制的策略校验与自动执行。

6.3.4.1 基于 Petri 网的运行优化控制策略模型研究

(1) Petri 网理论基础

Petri 网的概念是 1962 年由德国科学家 Carl Adam Petri 在其博士论文中首次提出的,后来被人们称之为 Petri 网。20 世纪 70 年代初期,Petri 网的概念和思想方法受到欧美学者的广泛关注。对 Petri 网的各种性质的研究以及把 Petri 网应用于各种实际系统的建模和性质分析的论文和研究报告开始大量涌现。1981 年,Peterson 出版了第一部关于 Petri 网专著[228],书中罗列了 1980 年前发表的大部分论文和已取得成果。1985 年,Reisig 出版了第二部有关 Petri 网的专著 *Petri Nets: An Introduction*[229],总结了欧洲有关 Petri 网的研究工作并包含了所发表的文章。自 1980 年有关 Petri 网理论和应用的国际研讨会召开以来,越来越多的研究成果进一步的完善和充实 Petri 网理论,扩大了 Petri 网的应用成果。当前,Petri 网已成为分布式系统的建模和分析的重要研究工具,特别便于描述系统中进程或部件的顺序、并发、冲突以及同步关系[230]。

Petri 网系统是用于描述分布式系统的一种模型。它既能描述系统的结构,又能模拟系统的运行。描述系统结构的部分称为网。从形式上看,一个网就是一个没有孤立结点的有向二分图。

定义 6.1 满足下列条件的三元组 $N=(S,T;F)$ 称为一个 Petri 网:

$$S \cup T \neq \varnothing \tag{6-1}$$

$$S \cap T = \varnothing \tag{6-2}$$

$$F \subseteq (S \times T) \cup (T \times S) (''\times'' \text{为笛卡儿积}) \tag{6-3}$$

$$dom(F) \cup cod(F) = S \cup T \tag{6-4}$$

其中

$$dom(F) = \{x \in S \cup T \mid \exists y \in S \cup T: (x,y) \in F\} \tag{6-5}$$

$$cod(F) = \{x \in S \cup T \mid \exists y \in S \cup T : (y,x) \in F\} \tag{6-6}$$

它们分别为 F 的定义域和值域。

上述公式中，S 和 T 分别为网的库所（Place）集合和变迁（Transition）集合，F 为流关系（Flow relation）集合，$X = S \cup T$ 称为网的元素集。式（6-1）、（6-2）表明 S 与 T 是两个不相交的集合，它们构成了网 N 的基本元素。式（6-3）表明，有向边只存在于库所和变迁之间，任意两个变迁之间或任意两个库所之间都没有有向边相连接。不参与任何变迁的资源表现为孤立的库所，不引起资源流动的变迁为孤立的变迁。式（6-4）指出，一个网中不应该有孤立结点。

当用一个图形表示一个网时，用一个圆圈来表示一个库所 s，用一个矩形来表示一个变迁 t。对于 $x, y \in S \cup T$，若 $(x,y) \in F$，则从 x 到 y 画一条有向边。流关系有两种形式：一种是从库所到变迁，另外一种是从变迁到库所，如图 6-13 所示。

图 6-13　变迁与库所关系

(a) 库所到变迁；(b) 变迁到库所

定义 6.2　设 $N = (S, T; F)$ 为一个网。对于 $x \in S \cup T$，记

$$\cdot x = \{y \mid y \in S \cup T \wedge (y,x) \in F\} \tag{6-7}$$

$$x^{\cdot} = \{y \mid y \in S \cup T \wedge (x,y) \in F\} \tag{6-8}$$

称 $\cdot x$ 为 x 的前集或是输入集，$x^{\cdot}$ 为 x 的后集或是输出集，$\cdot x \cup x^{\cdot}$ 为元素 x 的外延。显然，一个库所的外延是变迁集合 T 的一个子集，一个变迁的外延是库所集 S 的一个子集。对于 $\forall x \in S \cup T$，x 的外延 $\cdot x \cup x^{\cdot}$ 都不可能是空集，否则 x 就是一个孤立节点。

上述所定义由三元组 $N = (S, T; F)$ 组成的网络只是 Petri 网的结构部分，作为一个 Petri 网，还应该有另一个要素：标识。它是一种标记符号，用小黑点表示。标识位于库所内，它们沿有向线段流动，表示信息的流动。因此，Petri 网作为一个实际系统的模型时，网部分用于描述系统的结构（称为 Petri 网模型的基网），而标识部分则反映了系统的动态。

定义 6.3　基网 N 中，映射

$$M : S \rightarrow \{0, 1, 2, \cdots\} \tag{6-9}$$

称为基网 N 的一个标识。四元组 $(S, T; F, M)$ 称为一个 Petri 网系统。

用图来表示时，对库所 $s \in S$，若 $M(s) = k$，则表示该库所 s 的小圆圈内加上

k 个小黑点（当数值很大时，也可以直接写上数字 k），并说库所 s 中有 k 个标识（Token）或标记。

因此一个 Petri 网系统通常由一个四元组 $\sum(S,T;F,M)$ 有向网络构成，并具有如下的变迁发生规则：

① 对于变迁 $t\in T$，如果

$$\forall s\in S:s\in {}^{\cdot}t\rightarrow M(s)\geqslant 1 \tag{6-10}$$

则说变迁 t 在标识 M 有发生权（Enabled），记为 $M[t>$。

② 若 $M[t>$，则在标识 M 下，变迁 t 可以发生，从标识 M 发生变迁 t 得到一个新的标识 M'（记为 $M[t>M'$），对于 $\forall s\in S$，

$$M(s)'=\begin{cases}M(s)-1, & \text{若 } s\in {}^{\cdot}t-t^{\cdot} \\ M(s)+1, & \text{若 } s\in t^{\cdot}-{}^{\cdot}t \\ M(s), & \text{其他}\end{cases} \tag{6-11}$$

一个网系统有一个初始标识，记为 M_0，用于描述被模拟系统的初始状态。在初始状态标识 M_0 下，可能有若干个变迁有发生权，其中（任意）一个变迁发生，就得到一个新的标识 M_1（不同的变迁发生，所得到的新标识一般也不相同）。在 M_1 下又可能有若干个变迁有发生权，其中任意一个发生，又得到一个新的标识 M_2。这样一直循环下去，变迁和标识接连发生和标识不断发生变化，就是网系统的运行。一个网系统 $\sum(N,M_0)$ 的全部可能的运行情况由它的基网 N 和初始标识 M_0 完全确定。因此，给出了基网 N 和初始标识 M_0，就确定了一个 Petri 网系统。

（2）基于 Petri 网的运行优化控制策略模型

为了利用 Petri 的性质与分析方法来实现运行优化控制策略的校验与自动执行功能，必须将运行优化控制的图形组态模型映射为 Petri 网模型。为实现这一映射首先需要定义在运行优化控制策略下 Petri 网组成元素的含义。

在运行优化控制的图形组态模型中，所有算法功能模块是通过连接器来实现的，连接器不仅表示了数据的流向，同时也代表数据资源本身。图 6-14 给出了算法功能模块间的数据传输方法。

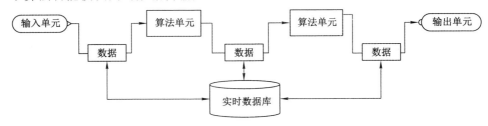

图 6-14　数据在算法功能模块间的传递

图中,连接器表示了数据的可用性与流向,算法功能模块表示了对数据的处理算法。基于此,定义运行优化控制下 Petri 网组成元素的含义如下:

定义 6.5　设 Petri 网为一个四元组 $(S,T;F,M)$ 标识网,其中 S 表示算法计算所需要的输入数据资源可用,T 表示一个数据处理单元,F 表示数据的流向,M 表示待激活的算法功能模块的标识。

根据上述定义,可建立运行优化控制的图形组态模型与 Petri 网模型的映射关系。Petri 网意义下,所有的算法功能模块由一个变迁 t 来表示,其代表了数据的处理事件,即算法求解事件。所有连接器在 Petri 网模型中由带有有向弧的库所 s 来表示,库所 s 代表数据资源,而有向弧代表数据的流向。典型的映射关系如图 6-15 所示,其给出了算法单元的串联、并列、反馈的映射关系。

需要注意的是,在上述 Petri 网结构中增加了两个库所,一个用于指示控制算法计算的开始,当系统运行时间到达一个控制周期时,系统将设置开始库所的标识数为 1,并清除结束库所的标识,以使运行优化控制算法得以按照 Petri 网变迁的发生权,实现算法功能模块的自动执行。在图形组态模型映射到 Petri 网模型后,需要使用 Petri 网的分析工具,通过对 Petri 网模型的可达性、有界性和安全性、活性等行为特性的分析,来实现控制策略的检验。经检验满足要求的控制策略在运行时,其每个功能模块均按照如上的变迁激活条件式(6-10)进行算法计算。

当前对 Petri 网的分析方法主要有可达标识图与可覆盖树、关联矩阵、Petri 网语言和 Petri 网进程等。由于关联矩阵方法是建立在坚实的数学基础(线性代数)上,便于编程实现,因此本书主要采用关联矩阵来分析控制策略的 Petri 网模型。

关联矩阵,Petri 网的结构用一个 n 行 m 列矩阵 $\boldsymbol{A}=[a_{ij}]_{n\times m}$ 来表示,$\boldsymbol{A}$ 即是 Petri 网 $\sum(S,T;F,M)$ 的关联矩阵,其中

$$a_{ij}=a_{ij}^{+}-a_{ij}^{-}\ ,\ i\in\{1,2,\cdots,n\}\ ,\ j\in\{1,2,\cdots,m\} \tag{6-12}$$

$$a_{ij}^{+}=\begin{cases}1, & 若(t_i,s_j)\in F \\ 0, & 若(t_i,s_j)\notin F\end{cases}\quad i\in\{1,2,\cdots,n\}\ ,\ j\in\{1,2,\cdots,m\} \tag{6-13}$$

$$a_{ij}^{-}=\begin{cases}1, & 若(s_j,t_i)\in F \\ 0, & 若(s_j,t_i)\notin F\end{cases}\quad i\in\{1,2,\cdots,n\}\ ,\ j\in\{1,2,\cdots,m\} \tag{6-14}$$

$a_{ij}^{+}=1$ 表示存在一条由第 i 个变迁 t_i 指向第 j 个库所 s_j 的有向弧,$a_{ij}^{-}=1$ 表示存在一条由第 i 个库所 s_i 指向第 j 个变迁 t_j 的有向弧。对应于 a_{ij}^{+} 与 a_{ij}^{-},进一步引入两个 n 行 m 列矩阵 $\boldsymbol{A}^{+}=[a_{ij}^{+}]_{n\times m}$ 和 $\boldsymbol{A}^{-}=[a_{ij}^{-}]_{n\times m}$,并分别称为网的输出矩阵和输入矩阵。此外,分别用 $\boldsymbol{A}_{i*}$,$\boldsymbol{A}_{i*}^{+}$,$\boldsymbol{A}_{i*}^{-}$ 表示矩阵 $\boldsymbol{A}$,$\boldsymbol{A}^{+}$,$\boldsymbol{A}^{-}$ 的第 i 行形成的行

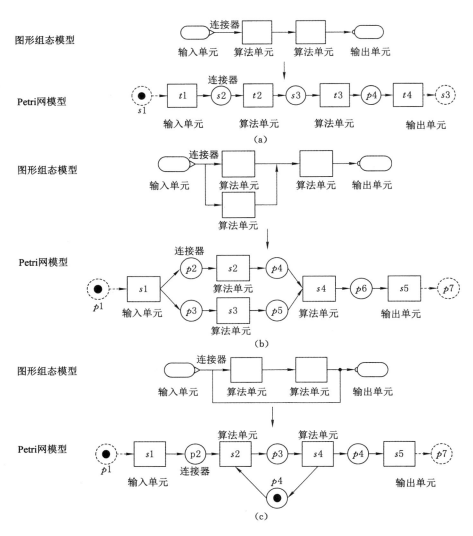

图 6-15 图形组态模型向 Petri 网模型的基本映射

(a) 串联结构;(b) 并联结构;(c) 反馈结构

向量,用 $\boldsymbol{A}_{*j}, \boldsymbol{A}^+_{*j}, \boldsymbol{A}^-_{*j}$ 表示矩阵 $\boldsymbol{A}, \boldsymbol{A}^+, \boldsymbol{A}^-$ 的第 j 列形成的列向量。网的标识 M 用一个非负整数向量来表示,即 $\boldsymbol{M} = [M(s_1), M(s_2), \cdots, M(s_m)]^{\mathrm{T}}$。

利用关联矩阵对 Petri 网行为特性的分析,主要通过以下引理来实现。

引理 6.1 设 $\sum (S, T; F, M)$ 是一个标识网,$\boldsymbol{A}$ 为关联矩阵,$t_i \in T$,则 $M[t_i >$ 的充分必要条件是

$$\boldsymbol{M}^{\mathrm{T}} \geqslant \boldsymbol{A}_{i^*}^{-} \tag{6-15}$$

引理 6.2　设 $\sum(S,T;F,M)$ 是一个标识网，$\boldsymbol{A}$ 为关联矩阵，$t_i \in T$，则 $\boldsymbol{M}[t_i > \boldsymbol{M}'$，则有

$$\boldsymbol{M}' = \boldsymbol{M} + (\boldsymbol{A}_{i^*})^{\mathrm{T}} \tag{6-16}$$

下面以图 6-15(a)所示的串联结构为例，来说明 Petri 网的动态。初始的网络，只有 s_1 上有标识，因此初始标识 $\boldsymbol{M}_0 = [1\ 0\ 0\ 0\ 0]^{\mathrm{T}}$，$t_1$ 具有发生权，当 t_1 发生后，标识将由 s_1 转移到 s_2 上。通过关联矩阵可分析出这一变化。由图可得：

输入和输出矩阵分别为

$$\boldsymbol{A}^- = \begin{array}{c} \begin{array}{ccccc} s_1 & s_2 & s_3 & s_4 & s_5 \end{array} \\ \left[\begin{array}{ccccc} 1 & 0 & 0 & 0 & 0 \\ 0 & 1 & 0 & 0 & 0 \\ 0 & 0 & 1 & 0 & 0 \\ 0 & 0 & 0 & 1 & 0 \end{array} \right] \begin{array}{c} t_1 \\ t_2 \\ t_3 \\ t_4 \end{array} \end{array}$$

$$\boldsymbol{A}^+ = \begin{array}{c} \begin{array}{ccccc} s_1 & s_2 & s_3 & s_4 & s_5 \end{array} \\ \left[\begin{array}{ccccc} 0 & 1 & 0 & 0 & 0 \\ 0 & 0 & 1 & 0 & 0 \\ 0 & 0 & 0 & 1 & 0 \\ 0 & 0 & 0 & 0 & 1 \end{array} \right] \begin{array}{c} t_1 \\ t_2 \\ t_3 \\ t_4 \end{array} \end{array}$$

此时，关联矩阵为

$$\boldsymbol{A} = \boldsymbol{A}^+ - \boldsymbol{A}^- = \begin{array}{c} \begin{array}{ccccc} s_1 & s_2 & s_3 & s_4 & s_5 \end{array} \\ \left[\begin{array}{ccccc} -1 & 1 & 0 & 0 & 0 \\ 0 & -1 & 1 & 0 & 0 \\ 0 & 0 & -1 & 1 & 0 \\ 0 & 0 & 0 & -1 & 1 \end{array} \right] \begin{array}{c} t_1 \\ t_2 \\ t_3 \\ t_4 \end{array} \end{array}$$

由于 $\boldsymbol{M}_0^{\mathrm{T}} \geqslant \boldsymbol{A}_{1^*}^-$，因此 $\boldsymbol{M}_1 = \boldsymbol{M}_0 + [\boldsymbol{A}_{1^*}]^{\mathrm{T}} = [1\ 0\ 0\ 0\ 0]^{\mathrm{T}} + [-1\ 1\ 0\ 0\ 0]^{\mathrm{T}} = [0\ 1\ 0\ 0\ 0]^{\mathrm{T}}$。对比 $\boldsymbol{M}_0$ 和 $\boldsymbol{M}_1$ 可以看出，经过一次运算，标识由 s_1 转移到了 s_2。继续计算，可最终得到 $\boldsymbol{M}_4 = [0\ 0\ 0\ 0\ 1]^{\mathrm{T}}$，标识停留在表示输出单元的库所上，不会再发生变迁的转移，代表运行优化控制算法运行的结束。

一个正确的运行优化控制策略必须满足以下条件：

① 如果 $t \in T$，在关联矩阵计算过程中，t 必须具有过发生权，即存在 $\forall s \in S: s \in {}^{\cdot}t \to M(s) \geqslant 1$。

② 如果 $s \in S$，在关联矩阵计算过程中，s 上标识数量不能大于 1，即 $M(s) \leqslant 1$。

条件①保证了 Petri 网的可达性与活性；条件②保证了 Petri 网的有界性和

安全性。

6.3.4.2 软件实现

　　根据上述的分析研究,本节主要讨论如何开发 Petri 网引擎,以实现运行优化控制策略的检验与自动执行功能。Petri 网引擎主要由 PetrinetEngine 类、PetrinetModel 类、Transition 类、IOtransition 类、ATransition 类、Place 类和 Arc 类组成。其中 PetrinetModel 是 Petri 网模型对象,用于保存 Petri 网的结构信息;Transiton 是 Petri 网的变迁对象,是 IOtransition 和 ATransition 的基类;Place 与 Arc 分别是 Petri 网的库所与有向弧对象。其静态类图如图 6-16 所示。

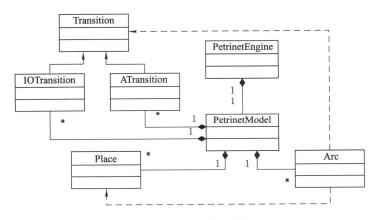

图 6-16　Petri 网引擎的静态类图

　　各类对象的属性与方法如表 6-4～表 6-8 所示。PetrinetModel 类中保存了组成 Petri 网的所有组成元素,即库所、变迁、有向弧和标识。PetrinetEngine 类通过 InitInstane()方法实现运行优化控制的图形组态模型向 Petri 网模型 PetrinetModel 的映射,并提供用于关联矩阵方法分析的输入矩阵 m_InputMatrix 和输出矩阵 m_OutputMatrix 属性。Check()方法用于对控制策略的正确条件进行检验。AutoRun()是 Petri 网模型下控制算法的自动执行方法,在 AutoRun()中一旦变迁具有发生权(Transition 的 Eanbled==1),则 Transition 立刻调用 Fire()方法,执行该 Transition 所对应的单元模块的控制算法。每当一个 Transition 运行 Fire()方法后,其将遍历所有的前件 Place,并调用 Place 的 DeleteToken()方法;同时遍历所有的后件 Place,并调用 Place 的 AddToken()方法,从而实现变迁发生权的转移。

表 6-4 **PetrinetEngine 对象方法**

属性（方法）	类型（返回值）	说　明
m_PetrinetModel	PetrinetModel	Petri 网模型
m_InputMatrix	Int[，]	输入矩阵
m_OutputMatrix	Int[，]	输入矩阵
InitInstance()	bool	初始化 Petri 网模型
Check()	bool	控制策略校验
AutoRun()	bool	自动执行
ManuRun()	bool	手动执行

表 6-5 **Place 对象的属性与方法**

属性（方法）	类型（返回值）	说　明
ID	Int	库所对象标示符
Token	Int	库所的标识
Preset	List<Transation>	库所前件
Postset	List<Transation>	库所后件
m_Linker	Linker	所对应的连接器
AddToken()	bool	添加一个标识
DeleteToken()	bool	删除一个标识

表 6-6 **Transition 对象的属性**

属性（方法）	类型（返回值）	说　明
ID	Int	库所对象标示符
ArcList	Int	当前是否被选中
Preset	List<Place>	变迁前件
Postset	List< Place >	变迁后件
m_FunBlock	FunBlock	所对应的算法功能模块
Eanbled	bool	发生权
Fire()	Bool	激活算法功能模块

表 6-7   Arc 对象方法

属性(方法)	类型(返回值)	说 明
ID	Int	有向弧对象标示符
Direction	Bool	有向弧的方向
LinkPlace	Place	连接的库所
LinkTransition	Transation	连接的变迁

表 6-8   PetrinetModel 对象方法

属性(方法)	类型(返回值)	说 明
m_TransitionList	List<Transation>	变迁列表
m_PlaceList	List<Place>	库所列表
m_ArcList	List<Arc>	有向弧列表
m_MakerList	List<Int>	标识列表

图 6-17 为运行优化控制的图形组态模型向 Petri 网模型映射的流程图。

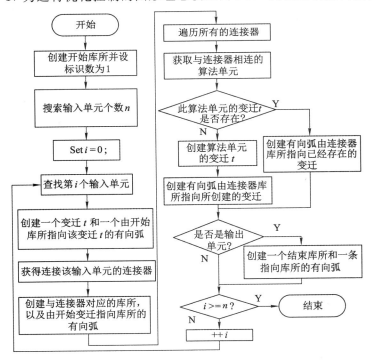

图 6-17　模型映射流程图

6.3.5　算法求解技术的研究与实现

为了便于扩展运行优化控制算法,需要软件平台提供算法二次开发的功能,但如果单纯只提供 API 进行控制算法的开发将带来诸如语言调用规则等棘手问题,基于此,许多成功系统都采用脚本(Script)技术来支持应用系统的二次开发。采用这种模式进行开发的系统一般情况下都将自身一些重要、安全的功能留给脚本,并让脚本引擎来控制使用这些功能[231]。所谓脚本引擎就是一个计算机编程语言的解释器,它的功能是对脚本进行解释并将其译成计算机能执行的机器代码。

因此运行优化控制组态软件平台采用脚本来完成各种算法开发的任务。除此外,考虑到算法编程人员可能采用其他第三方应用程序,如 Matlab,来扩展算法功能模块,因此运行优化控制组态软件平台除支持脚本外,还提供了一个调用第三方求解器的算法接口。

6.3.5.1　算法求解技术研究

脚本语言是为了缩短传统的编写-编译-链接-运行(edit-compile-link-run)过程而创建的计算机编程语言。它不像 C、C++等可以编译成二进制代码,以可执行文件的形式存在,脚本语言不需要编译,可以直接使用,由脚本引擎(解释器)来负责解释。当前脚本的开发可利用 COM 功能,即在已有的支持脚本解释的 COM 组件基础上,来实现自己开发的应用系统对脚本的支持。如 IE 中提供的独立的 VBScript 解释组件,可以解释嵌入 HTML 中的 VBScript 和 Jscript,Office 套件也支持 VBA 脚本语言。在. Net 中,微软提供了一个 ActiveX 控件 ScripControl,利用它可在系统中嵌入 VBScrip 解释功能。

然而运行优化控制算法的开发要求快速有效,尽量控制开发规模,如果每一算法还要承担开发一种与之适应的求解算法,如 ODE,这样会大大增加开发的规模和成本以及维护的难度。Python 作为一种面向对象的解释性计算机程序设计语言,具有脚本语言中最丰富和强大的类库,其中 Numpy 是 Python 中的一个数据处理函数库,适合矩阵运算,Scipy 是 Python 语言的用于科学计算的函数库[232]。因此,运行优化控制组态软件平台的脚本支持功能采用 Python 脚本来实现。

当前很多科学计算软件,如 Matlab,为了实现与. Net 平台编程语言的混合编程,以便提高算法的执行效率,为. Net 提供了开发接口[233],通过利用这些接口可实现运行优化控制组态软件平台对这些第三方求解引擎的调用。

6.3.5.2　软件实现

对算法求解引擎的实现采用了算法重用相同的工厂模型,如图 6-18 所示。

ICalculator 是一个求解引擎抽象类。在算法求解中,EngineFatory 类通过算法的类型来创建不同的求解引擎。现有平台实现了 PythonEngine,DLLEngine 和 MatlabEngine 三个求解引擎,分别求解用 Python 脚本,C++/C♯ 的 DLL 和 Matlab 脚本编程实现的算法。

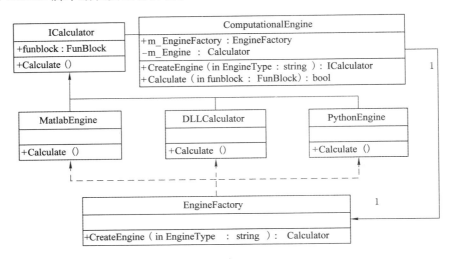

图 6-18　求解引擎静态类图

　　工厂模式的使用可以使每个具体的求解引擎类采用不同的技术来实现。这些求解引擎中,PythonEngine 类基于 IronPython 开发,IronPython 是 python 编程语言和.NET 平台的有机结合,是.NET 平台下的一个 Python 编译器;DLLEngine 类利用.NET 反射技术来实现 DLL 算法文件的动态调用与执行。MatlabEngine 则是完全基于 Matlab 提供的接口技术来实现。利用 Matlab 引擎方法,能够使研究人员充分地利用 Matlab 所提供的复杂优化控制工具箱,并能够将在 Matlab 中已经过仿真验证的算法直接应用于系统开发,大大提高了项目开发效率。

　　MatlabEngine 的 Calculate()方法中调用 Matlab 引擎求解算法主要代码如下:

　　① Type MatlabType = System. Type. GetTypeFromProgID("Matlab. Application");

　　② MLApp. DIMLApp Matlab = (MLApp. DIMLApp) System. Activator. CreateInstance(MatlabType);　　//创建 MATLAB 引擎

　　③ Matlab. PutWorkspaceData(sring Name, string Workspace, object Data);　　　　　　　　　　　　//向 Matlab 工作空间传递输入参数

④ Matlab. Execute(string Path/Algr)；　　　//执行 Matlab 命令

⑤ Matlab. GetWorkspaceData(sring Name，string Workspace，out object Data)；　　　　　　　　　　//从 Matlab 工作空间返回输出参数

6.3.6　数据交互技术的研究与实现

磨矿运行优化控制组态软件运行平台中,数据的交互主要分为功能模块间的内部数据交互和软件平台与 DCS 基础回路控制系统的外部数据交互两类。在软件功能模块之间进行数据传递的实现技术通常主要有三种:通过约束条件建立功能模块之间的关联关系;使用扩展点机制实现功能模块之间的通信;使用单例模式实现功能模块间信息共享。由于运行优化控制对扩展性及二次开发的要求较高,这三种技术并不能适应运行优化控制组态软件平台的需求。本书采用了基于订阅/发布模型的数据交互技术,通过建立数据池,来实现功能模块间的数据访问。软件平台与 DCS 基础回路控制系统之间,由于可用于实现基础回路控制的 DCS 产品较多,标准的方法是使用 DDE(Dynamic Data Exchange)与 OPC(OLE for Process Control)数据交互技术。与 DDE 相比,OPC 具有快速、安全、可靠、分布式的数据传输特点,因此运行优化控制组态软件平台采用 OPC 技术来实现与不同 DCS 基础回路控制系统间数据交互。

6.3.6.1　数据交互技术研究

（1）基于订阅/发布模型的内部数据交互技术

在传统的软件技术中,往往采用全局变量的方式使得各个模块联系起来,而这样就对各功能模块的独立性造成了破坏。为了实现功能模块的松耦合,软件平台应具有如图 6-19 所示的功能模块间的数据交互方法,而订阅/发布模型恰好满足要求。订阅/发布模式是从观察者模式演化而来的一种典型的基于事件方式解耦的设计模式,其定义了对象间的一种一对多的依赖关系,当一个对

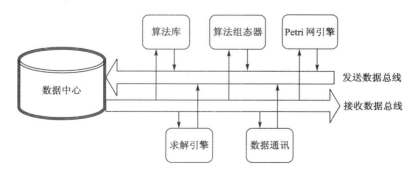

图 6-19　功能模块之间数据传递示意图

象的状态发生改变时,所有依赖于它的对象都得到通知并被自动更新。其适用于不希望对象紧密耦合,但每个对象的改变必须通知其他对象的情况。

图 6-20 为描述一个订阅/发布模式的静态 UML 示意图,其动态行为如下:一个订阅者通过向订阅器的事件中增加订阅委托,当发布者产生新的消息事件时,它通过通知方法把数据推给订阅器,订阅器从自己的订阅事件委托队列中逐个执行。订阅/发布模式允许订阅者和供应者对事件进行异步处理,即事件的发送者不必等待事件的接收者处理事件。这种广播通信方式不仅可以实现订阅者与订阅者间、订阅者与发布者间以及发布者与发布者的耦合,而且还提高了事件发送与处理的并发度。使得可以在任何时刻增加和删除订阅者或发布者,接收到通知后做什么样的处理完全取决于订阅者。

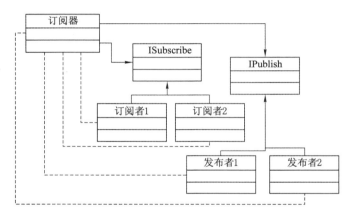

图 6-20　订阅-发布模型静态 UML 图

因此利用订阅/发布模式可以真正使各个功能模块独立出来,各个功能模块不必再考虑自身与其他功能模块的关系,而仅需在对数据信息进行修改后,或者完成某项操作后发送一条数据,而不必关注这条数据是发送给谁,接收数据者会做如何的处理。这样就降低了功能模块间的依赖关系,提高了功能模块的可复用性。此外,软件平台已经设计开发完毕后,由于需求的变更,需要添加功能模块时,不需要对组态软件进行重新架构设计与开发,只需要把新功能模块按照观察者的接口进行注册即可,而完全不用对已有软件架构进行修改。这样就大大提高了软件的可扩展性,降低了软件二次开发、维护的工作量和成本。

(2) 基于 OPC 的外部数据交互技术

OPC 是将 Microsoft 对象的连接和嵌入技术(OLE-Object Link and Embed)应用于过程控制的数据交互技术。它的开发目的是为在工业控制设备与应用程序之间建立统一的数据存取规范。硬件设备只需要一个驱动程序按照 OPC 的标准提供数据源,而上位机任何客户应用程序只要按照 OPC 规范去存取数据,便可以实现应用程序与硬件设备的通信。这样,只需要开发一套遵循 OPC 规范的服务器与数据进行通信,其他任何客户应用程序便能通过服务器访问设备。从而不仅可以克服异构网络结构和接口协议之间的差异,还可以不用关心底层的硬件特性以及 OPC 服务器与硬件通讯细节,从而得到生产过程的数据。OPC 数据访问对象是由图 6-21 所示的分层结构构成。

图 6-21 表明,一个 OPC 服务器对象(OPCServer)具有一个作为子对象的 OPC 组集合对象(OPCGroups)。在这个 OPC 组集合对象里可以添加多个 OPC 组对象(OPCGroup)。各个 OPC 组对象具有一个作为子对象的 OPC 项集合对象(OPCItems)。在这个 OPC 项集合对象里可以添加多个的 OPC 项对象(OPCItem)。此外,作为可选择的功能,OPC 服务器对象还可以包含一个 OPC 浏览器对象(OPCBrowser)。

图 6-21　OPC 数据访问对象的分层结构

6.3.6.2　软件实现

（1）基于订阅/发布的内部数据交互的实现

在订阅/发布的设计模式下,设置一个 MessagePool 消息池类来充当订阅器,对数据消息进行统一的管理,其属性与方法如表 6-9 所示。

表 6-9　　　　　　　　　　　消息池对象的方法

属性与方法	类型（返回值）	说　　明
MessageListeners	List＜IMessageListener＞	订阅者集合
Pool	Dictionary＜string，object＞	信息池

属性与方法	类型(返回值)	说　明
CreateMessagePool()	void	创建新的消息池实例
NotifyListener(string name, object value)	void	通知订阅者,以便获取相应的信息
RegisterListener(IMessageListener listener)	void	注册订阅者
RemoveListener	void	移除订阅者
UpdatePool(string name, object value)	void	更新信息时调用
AddMessage(string name, object value)	void	添加信息
DeleteMessage(string name)	void	从消息池中删除某一类信息
GetMessageNames()	List<string>	获取信息池中已存在的信息种类

其中 IMessageListener 是数据消息监听接口类,所有功能模块通过继承此接口类来实现消息池进行相关信息的订阅,其方法如表 6-10 所示。

表 6-10　　　　　　　　　　消息监听对象的方法

方　法	返回值	说　明
Update(string name, object value)	void	更新消息数据
NotifySubject(string name, object value)	void	向消息池发布消息数据

其中 name 和 value 两个参数分别代表了数据的类型与数据本身。当发布者通过 NotifySubject()方法向消息池推送一个数据消息后,消息池会遍历所有的订阅者,并通过 NotifyListener()方法向其发送此数据消息。订阅者在 Update()方法中收到此数据消息后,首先通过 name 属性判断是哪类消息,然后再对数据 value 进行有效地处理。

(2) 基于 OPC 的外部数据交互的实现

由于 OPC 已经成为一种标准的数据通讯技术在 DCS 系统使用,几乎所有的 DCS 系统均提供了 OPC 数据服务器,因此运行优化控制组态软件平台主要是开发 OPC 客户端来实现与 DCS 的 OPC 服务器的数据交互。目前 OPC 客户端的开发主要有三种途径。第一,利用 OPC DA 规范中提供的定制接口开发,采用 C++语言的 OPC 客户端实现一般选此方案;第二,利用.NET 提供对 COM 组件的支持,将现有的 COM 组件导入到.NET 中,根据 OPC 规范编写类型库以实现 OPC 客户端开发;第三,利用一些专业公司开发的 OPC DA 的类型库开发自己的 OPC 客户端。本书使用第三种方式选择 Kepware 公司开发的类库来开发 OPC 客户端程序。所开发的类如表 6-11 所示。

表 6-11　　　　　　　　　　OPC 客户端实现类表

类　名	继承的接口	说　明
Connect	IMessageListener	OPC 连接类
OPCDA	无	OPC 客户端类
OPCItem	无	OPC 标签信息类
OPCServer	无	OPC 服务器信息类
OPCSubscription	无	OPC 订阅类

OPCDA 是客户端类,其属性主要包括 List＜OPCServer＞、List＜OPC-Subscription＞和 List＜OPCItem＞,分别对应了 OPC 服务器、组和项的信息。其中 OPCItem 类定义了一个 OPC 数据项的属性,包括数据项的标签 ItemIdentifier、值 Value、类型 Type、质量 Qaulity、更新时间 UpdataTime、更新次数 UpdataCount 等。OPCDA 保存了所有的 OPC 服务器、数据组与数据项的信息。Connect 类实现对 OPCDA 客服端的操作,由于对数据的采集与下载需要通过数据消息类实现,因此 Connect 类继承自 IMessageListener 接口。OPCServer 封装了对 OPC 服务器操作的方法,主要方法如表 6-12 所示。

表 6-12　　　　　　　　　　OPC 客户端类主要的方法

方法名	返回值	参　数	说　明
LoadConfigration	void	null	读取用户 OPC 配置信息
AddConfigration	void	null	添加 OPC Server
Connect	Bool	null	连接服务器
Disconnect()	void	null	断开连接
AddSubscription	OPCSubscription	name，updateRate	添加组集合
RemoveSubscription	void	OPCSubscription	删除组集合
ReadItems	bool	OPCItem[] items	异步读取标签
WriteItem	bool	OPCItem item	异步写入标签
GetItemProperties	bool	ItemProperties[]	获取标签属性

6.4 磨矿过程运行优化控制方法的软件实现及半实物仿真验证

6.4.1 磨矿过程运行优化控制方法的软件实现

本节利用上述自研的运行优化控制组态软件平台,以组态方式开发了基于第3章所提方法的赤铁矿磨矿过程运行优化控制软件系统。控制策略图形组态界面如图6-22所示。图中的左部为算法管理模块,所封装的算法单元可在策略组态时直接使用;中上部分为组态画布,用于组态的运行优化控制策略;右上部分为功能区,提供算法图元的颜色、画布的放大与缩小、图形的组合等功能;右下部分为算法单元信息的浏览区域,当在画布上双击某一个已经注册的算法单元时,可以查看该算法单元的所有信息。

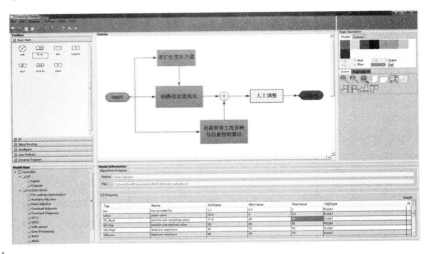

图 6-22　运行优化控制算法组态界面

运行优化控制图形化组态的具体步骤如下:

① 分别开发磨矿粒度软测量、回路设定值优化、负荷异常工况诊断与自愈控制模块,并通过算法管理提供的封装功能,将其嵌入到软件平台中,作为自定义的算法功能模块。

② 从算法管理模块中将上述封装的算法功能模块拖拽到控制策略组态画布上。

③ 根据数据连接关系,将算法功能模块连接成一个有机整体。

④ 对各个算法功能模块参数进行组态,通过浏览变量管理模块进行算法输入输出参数的绑定。

⑤ 点击确认按钮,完成运行优化控制策略的组态。

根据算法要求所建立的变量库如图 6-23 所示。从图中可以看出,变量的 Address 属性指出了该变量所连接的 OPC 数据项,ReadWrite 属性定义了 OPC 数据读取方式。

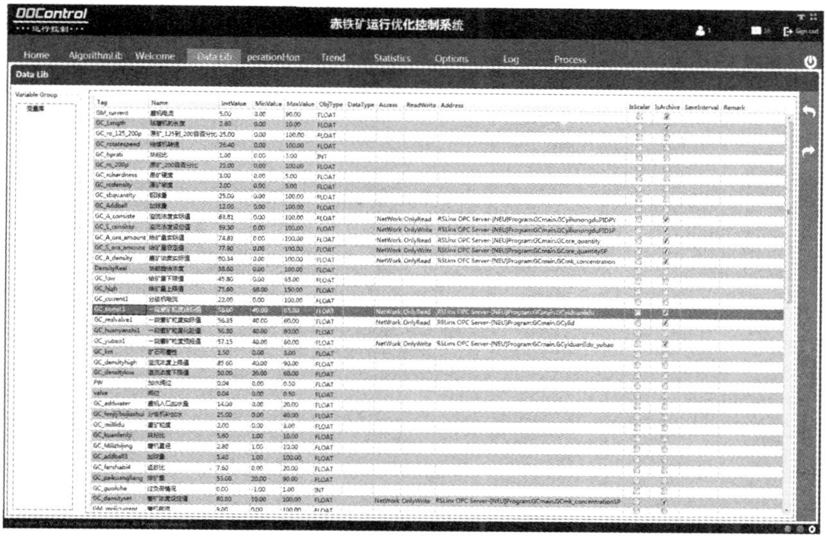

图 6-23　运行优化控制算法组态界面

完成策略组态后,再运行主界面配置趋势图来实时监视运行优化控制的效果,如图 6-24 所示。此外,为了便于运行指标、约束的在线修改,以及回路设定值的人工调整,在主界面将上述参数添加到相应的监视窗口中。

利用软件提供的 Petri 网引擎,可验证是否达到期望的算法执行顺序,验证界面如图 6-25 所示。其分为上下两部分,上半部分提供图形化的标识动态转移关系,其在假设每个算法功能模块的执行时间为零的情况下,可以动态模拟算法功能模块的执行顺序;下半部分为模拟运行优化控制算法运行过程中 Petri 网标识 M 的变化过程,其是根据关联矩阵,利用公式(6-16)求得的。从图中可以看出,标识从输入库所 p_1 开始最终转移到输出库所 p_8,在这一转移过程中,算法功能模块,即 input 模块、磨矿粒度软测量模块,负荷异常工况诊断与自愈控制模块、加法器、output 模块,依次被激活,与设计的执行顺序一致,校验了运行优化控制算法组态的正确性。

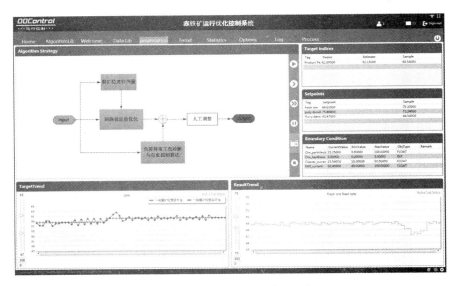

图 6-24　设定控制策略算法单元组态界面

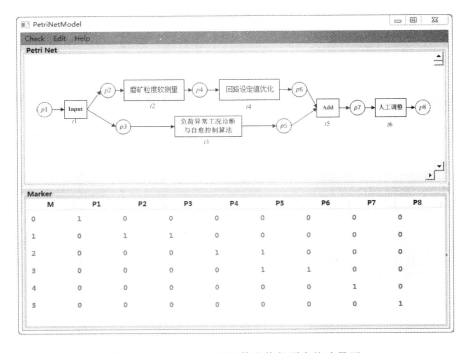

图 6-25　基于 Petri 网的算法执行顺序校验界面

6.4.2　半实物仿真实验验证

对于一个新的控制方法,实际工业实验是一种直接、有效的测试方法。然而,通常工业实验的成本较高,且容易引发故障,造成设备损坏而影响生产,因此,数值仿真替代工业实验成为控制方法有效的测试与验证工具。但对于运行优化控制方法,其被控对象不仅由单个生产设备变为整个磨矿生产过程,还包括了基础回路控制系统以及由设备网与控制网所组成的复杂网络。被控对象的特性、涉及范围及系统的实现结构远远超出已有的数值仿真方法的适用范围。为此迫切需要一个能够支持运行优化控制方法实现的仿真平台。半实物仿真是工程领域内一种特殊的仿真技术,其在计算机仿真回路中接入一些实物进行试验,因而具有更接近实际过程的特点。因此,以下内容结合半实物仿真技术搭建了磨矿过程半实物运行优化与控制仿真实验系统,并将前一章所开发的运行优化控制组态软件平台在此系统上进行了仿真实验验证,说明了所提方法的有效性。

6.4.2.1　磨矿过程运行优化控制半实物仿真实验系统概述

1. 系统功能与结构

实际工业磨矿过程中的运行优化控制系统如图 6-26 所示[7]。该系统由运

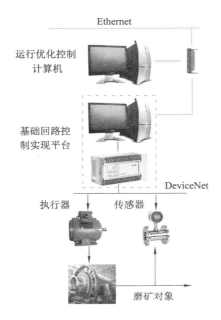

图 6-26　工业磨矿过程运行优化控制的实现平台

行优化控制计算机、基础回路控制系统、执行机构与检测仪表以及被控工业装置组成。其中,控制系统由上位机与 DCS 或 PLC 以及通过工业以太网连接的运行优化控制计算机组成。

参照上述实际工业磨矿过程中的运行优化控制系统,半实物仿真(Hareware-in- the-loop-simulation,HILS)实验系统应具有如图 6-27 所示的功能,主要包括:

图 6-27　磨矿过程半实物仿真实验系统功能

（1）为了便于使经半实物仿真实验验证过的运行优化控制与基础回路控制方法能够快速转变到实际控制系统中,并避免控制系统的二次开发,从而缩短项目的开发周期,半实物仿真平台应提供与实际工业控制系统相同的软、硬件开发与运行环境。

（2）由于将整个工业磨矿过程搬到实验室进行实验研究是不现实的,而在实验室搭建一个与实际工业磨矿过程类似的小型实验设备,既耗费大量的人力、物力、财力,又无法保证与实际过程一致,因此半实物仿真平台采用仿真方法来实现磨矿运行过程、被控回路、执行器以及传感器的模拟,从而支持真实控制系统的验证。

（3）由于实际磨矿运行过程特性复杂多变,且整个磨矿工艺由多个工序(或设备)有机串联而成,因此通过需要将整个磨矿过程模型分为多个子过程模型,然后再根据工艺指定的物流将各子过程模型连接在一起,最终搭建出所需要的磨矿过程模型。为此,半实物仿真平台应提供一个具有模块化与可视化功能的、能够以图形组态方法实现磨矿过程仿真的开发与运行工具。

(4) 由于被控对象的复杂性,需要模拟的设备或过程众多,因此半实物仿真平台应是一个分布式一体化的综合仿真平台。

(5) 由于实际的控制系统采用工业标准信号,而工业标准信号无法应用在磨矿过程分布式仿真系统中。因此,半实物仿真平台需要提供一个接口系统,通过通讯协议的转换来实现两者间数据的互通。

根据功能分析,并结合实际工业磨矿过程中的运行优化控制系统结构,提出分布式的半实物运行优化控制仿真实验平台的软、硬件体系结构。其硬件结构如图 6-28 所示,由实际工业磨矿过程中的运行优化控制计算机、基础回路控制系统、对执行机构和检测装置进行仿真的虚拟仪表与执行机构和对磨矿运行过程仿真的磨矿过程仿真计算机组成。其中虚拟仪表与执行机构既作为磨矿过程分布式仿真的组成部分,又分别利用以太网和工业电缆与基础回路控制系统和磨矿过程仿真计算机进行连接,通过内部的协议转换实现基础回路控制系统与虚拟磨矿运行过程仿真的数据交互,是两者无缝连接的纽带。

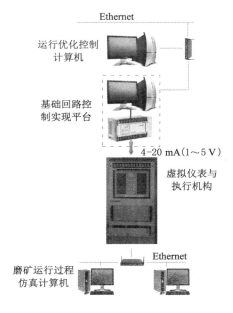

图 6-28   半实物仿真实验系统硬件结构

　　软件平台如图 6-29 所示,由运行优化控制软件平台、DCS 组态软件、虚拟仪表与执行机构仿真软件和虚拟磨矿运行过程软件组成。其中运行优化控制软件平台采用本章所开发的软件实现运行优化控制算法的设计与开发。DCS组态软件用于提供快速构建磨矿过程基础回路控制系统的数据采集与监控等功能。虚拟仪表与执行机构软件提供实现数据采集、通讯协议转换、检测装置与执行机构的模拟仿真的编程与运行环境。虚拟磨矿运行过程软件提供行业模型库用于快速实现磨矿运行过程的建模与仿真。

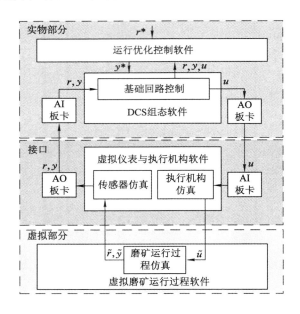

图 6-29　半实物仿真实验系统软件结构及信息流

2. 硬件平台

(1)基础回路控制实现平台硬件

　　基础回路控制系统硬件由监控计算机和 PLC 控制柜组成。其中监控计算机为 DELL OptiPlex 170L PC 机;PLC 控制柜由 ControlLogix 控制平台、隔离器、继电器、配电器、接线端子排等组成,并配备照明、散热等功能。

　　Controllogix 是一个适合顺序、过程、传动、运动控制的机架式、模块化高性能控制平台。其可集成多个 CPU 模块、模拟量输入/输出控制模块、数字量输入/输出模块、通讯模块以及特殊功能模块,各模块均安装在机架上任意一个槽位内,通过背板总线将系统电源模块与其他模块连成一体。本书 ControlLogix 控制平台硬件配置如表 6-13 所示。

表 6-13　　　　　　　　**Controllogix 控制平台硬件配置表**

编号	型号	描述	数量
1	1756-A13	13 槽 CLX 机架	1
2	1756-PA72	85-265VAC 电源（5 V～10 A）	1
3	1756-L61	Logix5561CPU 处理器（含用户储存器 2M）	1
4	1756-CNB	ControlNet（控制网接口模块）	1
5	1756-ENBT	EtherNet/IP（工业以太网）接口模块 10/100M	1
6	1756-IB32	24VDC 输入模块,32 路	1
7	1756-OB32	24VDC 输出模块,32 路	1
8	1756-IF16	4～20 mA 模拟输入,16 路	1
9	1756-OF8	4～20 mA 模拟输出,8 路	2
10	1756-TBCH	可拆卸接线端子（32PIN）	3
11	1756-TBNH	可拆卸接线端子（20PIN）	2

其中 Controllogix 控制平台选用具有 13 个插槽的 1756-A13 型机架。插槽 1 安装 1756-PA72 型电源模块,为 PLC 控制系统提供高质量 5 V DC 电源,保证供电的可靠性和安全性。插槽 2 安装 1756-L61 型 CPU 处理器,用于实现基础回路控制算法。插槽 3 和 4 分别安装 1756-CNB 型 ControlNet 控制网接口模块与 1756-ENBT 型 EtherNet/IP（工业以太网）接口模块,用于实现 PLC 控制系统与监控计算机的连接。模拟量输入模块选择 16 通道的 1756-IF16 模块,模拟量输出模块采用 2 个 8 通道的 1756-OF8 模块,数字量输入模块选择 32 通道的 1756-IB32 模块,数字量输出模块采用 32 通道的 1756-OB32 模板,这些 I/O 模块依次安装在插槽 5～9 插槽。

I/O 模块每个通道相互独立,所有信号与 I/O 模板通过继电器（OMRON,MY2N-J）或者隔离器（北京维盛,WS1525）进行信号隔离。其中模拟量模板全部采用 4～20 mA 或 1～5 V 标准工业信号。

（2）虚拟仪表与执行机构系统硬件

虚拟仪表与执行机构系统硬件如图 6-30 所示,由以下部分组成。

· 信号调理板:信号柜内配制接线端子,并采用信号电缆连接控制站 I/O 模块的接线端子,将信号调理为采集卡采集标准的信号;

· 数据采集卡:安装在工控机内,完成模拟量输入信号的数字化、模拟量输出信号的模拟化、数字量输入输出信号的采集,通过扁平电缆连接到信号调理板;

· 工控机:安装数据采集卡及相关软件,完成数据采集、执行机构与检测装置模型的建立、与计算机软件平台的通讯等功能。

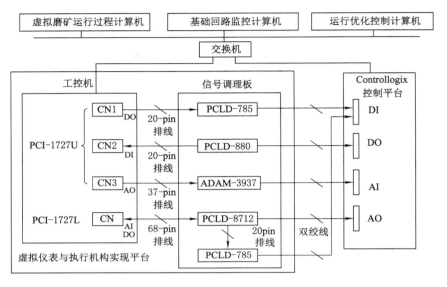

图 6-30　执行机构与检测装置虚拟实现平台硬件结构

信号调理板包括:1 块研华模拟量信号调理板 PCLD-880、2 块 PCLD-785 继电器输出板、1 块 ADAM 3937、1 块 PCLD-8712。其中 PCLD-880 提供 40 个接线端子和一个 20-pin 扁平电缆接口;PCLD-785 提供 16 路继电器输出端子和一个 20-pin 扁平电缆接口;ADAM 3937 提供 38 个接线端子和一个 37DB 连接器;PCLD-8712 提供 84 个接线端子、1 个 68-pin SCSI-II 连接器、1 个 20-pin 数字 I/O 连接器。

数据采集卡包括:1 块研华模拟量输出卡 PCL-1727U 和 1 块研华模拟量输入板 PCL-1712L。其中 PCI-1712L 提供 16 路单端或 8 路差分的模拟量输入(也可单端差分混合使用),2 路 12 位 D/A 模拟量输出通道,16 路数字量输出通道和 16 路数字量输入通道。PCL-1727U 提供 12 路 14 位 D/A 模拟量输出通道,16 路数字量输出通道和 16 路数字量输入通道。

工控机选用研华工控机(P4 2.4 512RAM 80G)。

信号调理板与数据采集卡以及信号调理板与 Controllogix 控制平台 I/O 模块间的连接如图 6-30 所示。

信号调理板与数据采集卡间采用计算机扁平电缆,信号调理板与控制站 I/O 模块接线端子间采用标准工业信号电缆。

(3) 虚拟磨矿过程系统硬件

虚拟磨矿运行过程计算机选用两台 DELL 170 L PC 机。一台用于实现磨矿过程的模拟仿真,一台用于实现磨矿三维虚拟现实。两台计算机之间以及两台计算机与虚拟仪表与执行机构系统间,通过一台 TP-LINK TL-SF1024D 以太网交换机进行数据交互。

3. 软件平台

(1) 基础回路控制系统软件

基础回路控制系统软件以 Controllogix 控制系统硬件平台相配套的软件产品为平台,主要包括:RSLogix5000、RSLink、RSView32。基础回路控制系统中的监控计算机采用 Windows XP 操作环境,同时安装 Microsoft Office 办公软件,用于查看历史数据库、编辑标签数据库等。软件平台具有如下功能:

基础回路控制算法组态:RSLogix5000 软件支持符合 IEC 61131 标准的梯形图、功能块、结构文本和顺序功能图四种编程语言,可用于实现磨矿过程的基础回路控制算法组态,并下载到 Controllogix 控制平台的 CPU 处理模块中,执行现场生产数据的采集和处理以及回路控制等。此外利用 RSLogix5000 软件还可实现 Controllogix 控制平台硬件组态、数据 I/O 状态监控、设备故障诊断与修复等功能。

生产过程监控与信息管理:生产过程监控与信息管理采用 RSView32 软件实现。RSView32 软件提供适用于工业过程的图形创建和显示功能,实现工业过程监视、控制。提供图形编辑器创建工业过程画面和自动生成的动态支持,可以通过动作编辑将动态添加并连接到对象单个图形对象上。RSView32 组态软件完成以下功能:① 系统管理,包括系统安全管理、用户管理、权限设置、系统导航、操作指导等功能;② 通过与 RSLogix5000 的通讯配置,实现对 Controllogix 控制平台的数据采集与下装;③ 对生产过程进行图形组态与设备运行监控,并提供控制参数显示与设定、历史趋势查询、故障报警显示等功能;④ 实现过程数据的归档、查询、趋势显示、报表输出/打印等功能;⑤ 可作为 OPC 和 DDE 服务器,为第三方应用程序软件提供数据共享;⑥ 内嵌 VBA 计算机语言,可以编制复杂的计算处理程序,并可以按用户的要求编制监控程序及友好的操作界面。

系统通讯:RSLinx 是解决计算机访问 Controllogix 控制平台的途径,为 RSView32 软件提供全套的通讯服务。RSLink 软件不仅提供了通讯节点、网络更新时间等配置功能,用于实现 Controllogix 控制平台与监控计算机间的通讯,还提供了 OPC 和 DDE 等多种开放接口用于与第三方应用程序软件进行通讯。

(2) 虚拟仪表与执行机构系统软件

虚拟仪表与执行机构系统采用 RSView32 组态软件平台实现磨矿过程中各种执行器和传感器的动态特性模拟以及数据采集卡的数据读取等功能,具体如下：

动态特性模拟：当执行机构（如给矿机和调节阀）从 Controllogix 控制平台接受到控制指令值时，由于其自身的动态特性，直接影响实际输出的控制信号，常常导致输出的控制信号与接受控制指令值存在差别，例如控制器实际计算的阀门开度和阀门的实际开度总是不一样的。此外，由于检测仪表多受零点漂移和噪音的影响，使得实际值和测量值也往往不同，这就需要用数学模型来描述这些特性。因此利用 RSView32 内嵌的 VBA 计算机语言，来实现这些特定的模拟仿真，各虚拟执行机构的输入为执行机构的指令信号，输出为执行机构的反馈信号。各检测仪表的输入为检测仪表的实际信号，输出为检测仪表的测量信号。

动态特性配置：利用 RSView32 提供的图形组态功能，可开发各执行机构与检测仪表的结构参数设置界面，来实现执行机构与传感器的动态模型以及参数的选择。执行机构的动态特性包括一阶惯性特性、二阶特性、死区特性、饱和特性、滞环特性；其故障特性包括阀门卡死、输出归零等；检测仪表特性包括漂移、噪声特性、故障（包括输出归零、仪表卡死等）等。操作者可以选择使用这些特性，也可以组合这些特性综合模拟执行机构与检测仪表的动态特性。

信号转换：虚拟检测仪表与执行机构中工控机的输入和输出的都是 $4\sim20$ mA 或 $1\sim5$ V 的标准工业信号，与动态特性仿真中所使用的是控制指令（$0\sim50$ Hz，$0\sim100\%$）与检查信号（$0\sim300$ m^3/h，$0\sim100\%$，$0\sim200$ t/h）存在差异，因此不仅需要利用 RSView32 内嵌的 VBA 计算机语言从信号采集卡中读取数据，而且还要实现这些标准工业信号与仿真数值间的信号转换。

控制模型运行的功能：利用 RSView32 提供的内部指令，可实现磨矿过程的检测仪表与执行机构模型仿真的控制，包括"开始、暂停、继续、停止"四种功能，分别实现启动仿真、暂停仿真、暂停后继续仿真和停止仿真的功能。

趋势图显示功能：借助于 RSView32 的图形组态功能，来显示检测仪表与执行机构仿真期间主要参数的运行趋势，包括执行机构和检测仪表的输出和输入变量，并可以在系统运行过程中实时地进行组态。

所开发的赤铁矿磨矿过程的虚拟仪表与执行机构软件界面如图 6-31 所示。

（3）虚拟磨矿过程系统软件

虚拟磨矿过程系统软件结构如图 6-32 所示，其由三部分组成，包括磨矿运行过程建模与仿真软件 NEUSimMill、磨矿运行过程三维虚拟现实软件以及数据交互软件。其中磨矿运行过程建模与仿真软件 NEUSimMill 为实验室采用 C++ 与 C# 混合编程开发的仿真软件；磨矿运行过程三维虚拟现实软件利用 MultiGen Creator 和 VTree 软件，采用 C++ 编程实现；数据交互软件采用 C# 编程语言实现。

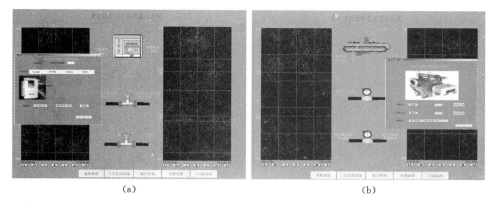

(a)　　　　　　　　　　　　　　(b)

图 6-31　赤铁矿磨矿过程的虚拟仪表与执行机构软件界面
(a) 执行机构；(b) 检测装置

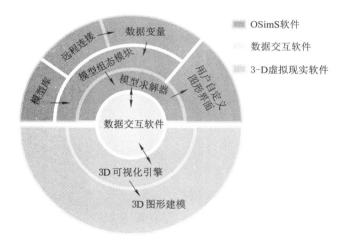

图 6-32　虚拟磨矿过程系统软件结构

① 磨矿运行过程建模与仿真软件 NEUSimMill

NEUSimMill 主要用于读取虚拟仪表与执行机构系统输出的控制指令，模拟实际磨矿生产过程，并将模拟出的控制回路输出与磨矿粒度指标，返回到虚拟仪表与执行机构系统，实现控制算法的验证。NEUSimMill 软件具体功能如下：

单元模型封装：由于磨矿过程涉及复杂的物理变化，其建模过程通常是根据磨矿工艺将整个磨矿运行过程划分为若干个子过程，对每个子过程单独建立单元模型，然后再根据工艺所规定的物流关系将这些单元模型有机组合在一起，最终形成整个磨矿运行过程模型。由于每个单元模型可能采用不同的编程语言来实现（如C++,C♯,MATLAB,FORTUNE等），为此，NEUSimMill提供了模型封装功能，从而使第三方应用程序开发出的模型，能够在NEUSimMill中使用。

模型库：为了更好地实现子单元模型在建模过程中的重用与复用，需要将已建立好的单元模型给予保存与管理，为此，NEUSimMill提供模型库管理功能，对于一些建模比较准确的模型，经封装后即可添加到模型库中，并进行有效的分类管理，包括模型的添加、删除、修改、替换等。

模型组态：NEUSimMill支持用户以拖拽的方式从模型库中取出模型，并对各个模型进行连接以及定义模型之间的物流属性，从而以图形方法搭建所需要的磨矿运行过程。此外NEUSimMill提供模型保存和解析功能，以实现模型组态信息（单元模型名称与算法、相互间的输入/输出关系等）的存储与读取。

模型仿真：NEUSimMill提供了一个基于序贯模块法的内部求解器，用于对所建立的模型的仿真运行。并提供了第三方求解引擎接口，以便调用第三方应用程序所开发出的单元模型。同时，NEUSimMill提供了脱机和联机两种仿真方式。脱机方式下NEUSimMill单独运行不与其他软件通讯，多用于仿真测试；联机方式下NEUSimMill可与虚拟仪表与执行机构系统进行数据交互，为控制算法的确认与验证提供支持。

自定义图形界面：为分析磨矿运行过程状态，NEUSimMill提供了画面组态与相应的设备图形（球磨机、棒磨机、分级机、水利旋流器等）与单元模型（如线、圆、半圆、椭圆、矩形、多边形、正多边形、文字、填充图形、位图等）以及趋势、表格、数字输入/输出等控件，并提供了画面与仿真数据的交互接口，可将仿真结果实时显示组态画面上。

仿真运行时管理：NEUSimMill支持了仿真运行、暂停和停止三种运行状态，并提供仿真周期与运行时间配置功能，用于实现仿真运行的控制。

OPC通讯：为实现虚拟仪表与执行机构系统的数据交互，NEUSimMill内嵌一个OPC客户端，通过访问虚拟仪表与执行机构系统的RSView OPC服务器，即可读取控制指令与反馈磨矿过程仿真信息。

为实现上述功能，NEUSimMill采用如图6-33所示的软件结构。

以MATLAB开发的单元模型为例，其整个建模与仿真过程如下：

a. 在MATLAB中编写单元模型算法.m文件。

b. 在模型开发模块中，创建自定义模型，并将.m文件模型封装在此自定义模型库中（模型信息包括模型名称、模型算法名称、.m文件地址、输入输出变量）。

c. 建立用于仿真的数据变量。

d. 在模型组态模块中，按工艺流程将模型模块拖入模型组态画面中，并以有向线的方式建立各个模型之间的物流关系；

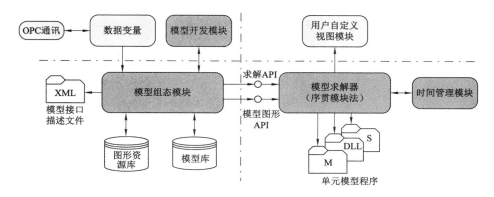

图 6-33　NEUSimMill 软件结构

e. 画面组态,相当于监控界面,可建立与数据变量库中变量的联系,用以显示变量的实时数据,创建控制回路和运行指标趋势图。

f. 建立 OPC 外部通讯变量。

g. 点击运行进行仿真,模型组态模块调用模型求解器,组成整个磨矿过程模型的所有单元模型,在序贯模块法的作用下,依次进行运算。当遇到单元模块程序是 MATLAB 软件开发时,模型求解器自动调用 MATLAB 求解引擎进行求解,并将结果返回到求解器中。

使用 NEUSimMill 软件,利用其提供的模型库,以组态方式建立了赤铁矿磨矿过程模型,如图 6-34 所示。

② 磨矿三维虚拟现实软件。

为了促进研究人员熟悉生产工艺并且能够更直接和更逼真地观察各种优化控制技术的控制效果,虚拟磨矿过程系统采用虚拟现实技术建立磨矿设备和外围场景的三维模型,并搭建磨矿的虚拟视景场景,以三维动画及声音的形式来模拟、漫游监控现场的生产状态,使观察者可以到达虚拟场景中的任意位置来观察磨矿的生产状态。

磨矿三维虚拟现实软件的运行是基于图形工作站提供的硬件平台,操作系统为中文 Windows 2000 操作系统,三维建模工具主要是 MultiGen 公司的 MultiGen Creator,三维视景开发工具是 CG2 公司的 Vtree,编程软件是微软公司的 Virtual C++ 6.0。主要实现的功能如下:

手动与自动漫游功能:可以在虚拟场景中进行手动漫游,同时具有自动漫游功能,并且可以与手动漫游进行切换。

三维动画展现磨矿生产现场功能:场景布局与工厂实际情况基本相符,工艺流程与二段磨矿工艺流程一致。针对磨矿工业的工艺流程,需要完成的磨矿

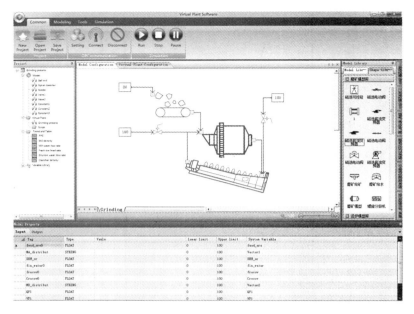

图 6-34　赤铁矿磨矿过程建模与仿真软件 NEUSimMill 界面

设备有:球磨机、传送带、给料仓、槽口、螺旋分级机、泵池、底流泵、旋流器、给水管、给料管,阀门等。并且这些设备要以三维动画的形式来模拟实际生产时的动态效果。

　　声音特效功能:三维动画配以声音的形式显示"赤铁矿磨矿"生产过程,同时生产声音可以随着与厂房距离的变化发生变化。

　　OPC 通信功能:提供一个 OPC 客户端,利用 OPC 实现实时通讯,可以从 NEUSimMill 中获取数据并对本系统虚拟三维模型进行实时控制,并通过仪表在屏幕上加以显示。

　　日志文件功能:可以输出系统日志文件,文件内容包括:程序启动和关闭时间、手动漫游和自动漫游切换时间、OPC 通讯启动和关闭时间。

　　所开发的赤铁矿磨矿过程三维虚拟现实软件如图 6-35 所示。

　　③ 数据交互软件

　　数据交互软件是连接实现磨矿运行过程建模与仿真软件 NEUSimMill 与磨矿三维虚拟现实软件的数据接口,主要包括一个采用 C++编程语言实现的 OPC 服务器。当 NEUSimMill 创建一个数据变量时,会向数据交互软件发送消息,后者自动在 OPC 服务器中添加一个对应的数据项,从而便于磨矿三维虚拟现实软件利用 OPC 客户端程序进行数据访问。

图 6-35　赤铁矿磨矿过程三维虚拟现实软件界面

6.4.2.2　实验研究

将所开发的赤铁矿磨过程运行优化控制软件系统在磨矿过程运行优化控制半实物仿真实验系统上进行实验,如图 6-36 所示。

图 6-36　磨矿过程运行优化控制半实物仿真实验环境

（1）控制目标

根据工艺规定的磨矿粒度的目标值,即 $r^* = 58\%$,和目标值范围,即 $58 \pm 0.2\%$（$\varepsilon = 0.2\%$）,以及磨矿粒度上下限,即 $r_{min} = 56\%$、$r_{max} = 60\%$,则赤铁矿磨矿过程安全运行优化控制的目标可表示为:

$$J^* \leqslant 0.04/2(1-\gamma) \tag{6-17}$$

$$|r(k)-r^*|\leqslant 0.2 \qquad (6\text{-}18)$$
$$56\%\leqslant r(k)\leqslant 60\% \qquad (6\text{-}19)$$

并且满足控制回路输出的限制条件：

$$60\ \text{t/h}\leqslant y_1(k)\leqslant 75\ \text{t/h} \qquad (6\text{-}20)$$
$$15\ \text{m}^3/\text{h}\leqslant y_2(k)\leqslant 35\ \text{m}^3/\text{h} \qquad (6\text{-}21)$$
$$35\%\leqslant y_3(k)\leqslant 55\% \qquad (6\text{-}22)$$

其中取加权因子 γ 为 0.9。

（2）控制器参数选择

运行优化控制算法参数：回路设定值优化算法中的串联神经网络初始权值 ω_a,v_a,v_p 和 ω_p 均在 $[-0.5\ 0.5]$ 内进行随机选取；训练目标 $\varepsilon_a=0.01,\varepsilon_p=0.005$；隐含层数 $h_a=18,h_p=19$；最大训练次数分别为 300 和 500；过负荷诊断与自愈控制方法中的限定值为：$H_1^1=58\ \text{A},H_2^1=51\ \text{A},H_1^2=28\ \text{A},H_2^2=26\ \text{A}$，$T_1^1=-0.2\ \text{A},T_2^1=-0.5\ \text{A},T_1^2=0.2\ \text{A},T_2^2=-0.2\ \text{A}$。

回路控制算法参数：采用 R-ZN 方法设计的三个控制回路的 PI 控制器参数如表 6-14 所示。

表 6-14   **基础回路控制 PI 算法参数**

回路	比例参数 K_P	积分参数 T_I
给矿量回路	2	1
给水量回路	1	0.5
溢流浓度回路	0.5	0.2

为了验证本书方法的有效性，设计了两组实验：正常运行工况下的本书第 5 章方法与文献[146]所提出的智能方法的对比实验和负荷故障工况下的安全运行优化控制实验。

（3）磨矿粒度优化控制对比实验

以 $r=56.1\%,y_1=71.61\ \text{t/h},y_2=30.21\ \text{m}^3/\text{h},y_3=48.62\%$ 为初始点，对本书方法进行半实物仿真实验，其磨矿粒度的实际值、预测值与目标值曲线如图 6-37（a）所示。图 6-37（b）为采用本书第 5 章所提方法获得的给矿量、给水量以及溢流浓度的回路设定值与实际值的控制曲线。从图中可以看出，本书方法可实现回路设定值的在线调整，并使控制回路能够较好地跟踪设定值，从而将磨矿粒度控制在上下限[56%，60%]范围内，并使其仅在目标值 58% 附近做小幅波动。

在相同初始点下，采用文献[146]方法获得的磨矿粒度控制曲线与回路控制曲线如图 6-38 所示。

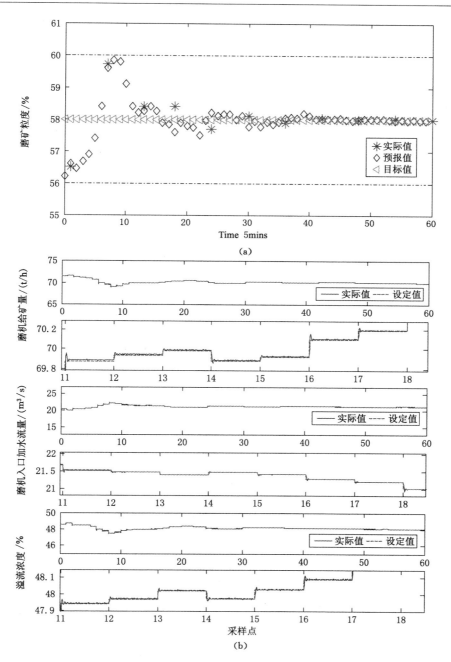

图 6-37　在本书第 5 章所提控制方法下的控制效果

（a）磨矿粒度控制曲线；（b）基础回路控制曲线

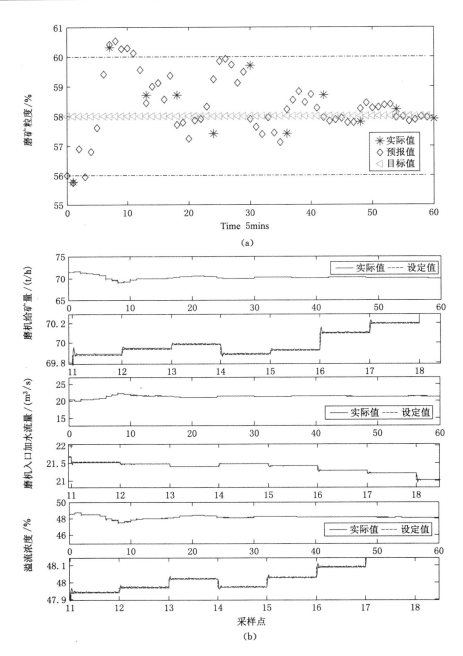

图 6-38　文献[146]所提控制方法下的控制效果

（a）磨矿粒度控制曲线；（b）基础控制回路曲线

　　根据磨矿粒度的均值、均方根误差(RMSE)与合格率对人工控制下的实际生产数据、文献[146]方法和本书方法下的实验数据进行分析,如表 6-15 所示。其中实际生产的磨矿粒度的均值为 57.01%,均方根误差为 2.51,合格率为 83%;基于文献[146]方法所获得的磨矿粒度均值为 57.71%,均方根误差为 2.31,合格率 87%;本书方法下的磨矿粒度均值为 58.12%,其与目标值 58%的偏差比文献[146]减少了 0.41%;均方根误差为 1.74%,减少了 0.57;合格率为 93%,提高了 6%,因此本书第 5 章方法能够更好地实现对赤铁矿磨矿粒度的控制。

表 6-15　　　　　　　　　　　　磨矿粒度控制统计结果

指标	实际生产数据	文献[146]方法实验数据	本书方法实验数据
均值	57.01%	57.71%	58.12%
RMSE	2.51	2.31	1.74
合格率	83%	87%	93%

　　(4) 安全运行优化控制实验

　　图 6-39 为负荷故障工况时,在本书所提安全运行控制方法下的赤铁矿磨矿粒度控制曲线、磨机与分级机电流变化曲线以及过负荷诊断结果。在第 18 个运行控制周期,使原矿性质变差:增加原矿硬度两个等级,将原矿粒度由 15% 降低到 10%。受给料条件的影响,磨机排矿发生改变,使磨矿粒度下降至 55.6%。从图中可以看出,本书方法及时估计出这一变化,并通过调整回路设定值与控制回路跟踪设定值,将粒度重新控制在目标 58% 附近,但同时使粗粒级矿粒随返砂返至磨机再磨,导致粗粒级矿粒在磨机内积累。经运行 20 min 后,磨机内待磨矿粒的固体含量超出磨机的处理能力,导致磨机运行于"准过负荷"状态 S_1。从图中可以看出,本书方法可准确地判断出这一过负荷状态,并通过调整回路设定值,对即将发生的过负荷进行有效抑制。经 3 个控制周期后磨机电流开始回升,并逐渐恢复至正常值,磨矿粒度也在较短时间内重新控制在期望值附近,从而实现了安全运行优化的控制目标。

　　从上述两组半实物仿真控制实验可以看出,在磨矿运行优化控制组态软件平台上组态开发出的赤铁矿磨矿过程运行优化控制方法能够在线优化磨机给矿量、磨机入口给水流量以及分级机溢流浓度的回路设定值,并将其下载到底层基础控制回路,在基础控制回路的跟踪作用下,实现赤铁矿磨矿粒度的优化控制,并使磨矿生产远离磨机负荷异常工况运行。

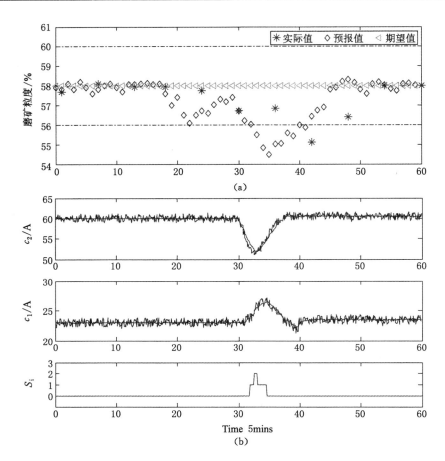

图 6-39　负荷异常工况时采用所提控制方法的控制效果

（a）磨矿粒度控制曲线；（b）磨机与分级机电流变化曲线与负荷异常工况诊断结果

　　本章开发的软件系统由中科院软件研究所基础软件测评实验室进行了软件性能与功能测试,获得了中国合格评定国家认可委员会 CNAS 资质与中国认可监督管理委员会 CMA 资质。

6.5　本章小结

　　本章在分析了磨矿过程对运行优化控制软件系统的需求后,研制了具有运行优化控制算法图形化组态、算法管理、算法求解、控制策略校验与自动执行、数据显示与分析等功能的磨矿运行优化控制组态软件平台。并利用所开发的软件,组态开发了本书第 3 章所提的赤铁矿磨矿过程运行优化控制方法。为验证所开发的软件系统的有效性,进行了赤铁矿磨矿过程运行优化控制半实物仿真实验研究。结果表明了所提方法以及软件系统的有效性,从而说明了所开发的组态软件可以帮助研究者以图形化组态方法实现运行优化控制,进而进行运行优化控制方法的研究。

第7章 面向工业应用的赤铁矿磨矿运行优化控制软件系统的研发与应用验证

上一章所介绍的磨矿运行优化控制组态软件平台主要用于复杂控制算法的设计与开发,其面向的用户侧重于科研机构的算法研究人员,在界面上呈现的主要内容是控制策略与算法参数等信息。对于现场知识水平有限的操作员来说,难以理解这些内容,从而难以借助其完成运行控制任务。一个磨矿运行优化控制项目通常是由一些科研院所进行设计与开发,并将一些与运行指标优化控制相关的算法参数展现给操作员。因此,在实际工业应用时,相比复杂控制算法的组态,如何方便地使操作员修改这些参数并减少误操作、保障控制软件系统运行的安全与稳定,辅助操作员完成优化任务,是软件系统更应具备的功能。根据上述需求,本章以我国某赤铁矿选矿厂的磨矿过程为实际背景,在所开发的运行优化控制组态软件平台的基础之上,以多种人机交互相关技术为基础,研制了面向工业应用的磨矿运行优化控制软件系统,并通过工业应用来验证软件系统的有效性和可用性。

7.1 工业应用软件系统

7.1.1 需求分析

磨矿运行优化控制组态软件平台通过使用组件技术、算法图形化组态技术、算法重用技术、基于 Petri 网的控制策略校验与自动执行技术、算法求解技术与数据交互技术,为赤铁矿磨矿运行优化控制提供了一个支持控制方法设计、开发与运行的一体化集成环境,其对推动磨矿运行优化控制方法的研究起到了一定的促进作用。但对于工业应用软件来说,必须针对现场的操作员开发专业性强且易用的"一键式"简易接口。因为操作员往往缺少运行优化控制技术知识,不能像以方法研究为导向的组态软件平台那样去设计接口,而必须以安全性、易用性以及操作需要为导向来进行设计。这对软件系统设计人员提出了有别于组态软件平台的功能需求,主要体现在:

(1)容错功能

　　容错是软件系统可靠性的核心问题。在实际系统运行中,由于操作员对软件的熟练程度或认识不同,使用过程很难避免出错,因此,要求软件系统应该能够具有检测功能,提供相应的错误提示,针对错误提供保护功能和恢复功能等容错手段。

　　(2) 当前工况信息显示与操作指导功能

　　采集并显示反映当前系统运行的工况信息,并给出操作指导,帮助操作人员增强对控制策略的理解,使赤铁矿磨矿运行操作进一步规范化、科学化。系统能对磨机负荷工况异常工况发出报警声音提示,并给出当前异常工况的处理指导,如磨机粒度较细、磨机负荷较高时,不能通过增加给矿量来调整磨矿粒度,此时正确的调整策略应是减给矿、增加水。

　　(3) 人机交互功能

　　操作员在运行优化控制软件系统中仍然起着不可取代的关键作用,其对控制软件系统的接受程度和使用方法很大程度上决定了系统运行性能的优劣。因此,在实际生产过程中,人机交互或协调问题也就显得尤为重要,人的能力和机器的潜力若能很好地配合,更能提高管理和控制效率。同时人机交互发展的趋势体现了对人的因素的不断重视,使人机交互更接近于自然的形式,使用户能利用日常的自然技能,在简单的软件操作过程中进行学习,并有效提高工作效率。

　　(4) 自动调整回路设定值方式下的人工干预功能

　　自动调整回路设定值的方式下操作员也可以根据需要进行一定的干预调节功能,使得操作人员在异常工况或对控制结果不满意等情况下,可以对回路设定值进行必要的调整。这使得操作人员既可以发挥主观能动性,也可以连续地最大限度地利用控制软件系统的功能。

　　(5) 生产运行统计与报表功能

　　生产操作运行统计功能包括各班磨矿粒度统计,各班、日、月处理量累计统计、生产运行异常工况的统计和自动控制系统自动投运率统计,真实反映磨矿产品的质量、产量及自动控制系统的使用情况,并对于重要的工艺参数及计量数据定时生成报表打印。

　　由于磨矿运行优化控制组态软件平台主要功能是控制算法重用及组态,是为弥补磨矿过程运行优化控制算法研究软件而提出和开发的。但其并未充分考虑上述工业实际运行操作的需求,因此需要利用已开发的组态软件平台,在其基础上根据实际生产过程并结合上述需求研制面向工业应用的赤铁矿磨矿运行优化控制软件系统,以更安全、高效的服务于我国选矿工业,促进选矿经济指标的提高。

7.1.2 软件设计

7.1.2.1 软件功能设计

通过上述需求分析可以看出,面向工业应用的赤铁矿磨矿运行优化控制软件系统即是一个以赤铁矿磨矿运行优化为控制目标,具有安全性、易用性的满足工业实际操作需要的工业软件系统。本书在原有磨矿运行优化控制组态软件平台的基础上,根据人机交互的基础原则,通过修改、增加、删除部分功能来实现面向工业应用的磨矿运行优化控制软件系统的开发。并充分利用组态软件平台研究的控制算法(如图 7-1 所示),来实现磨矿过程运行优化控制的功能。

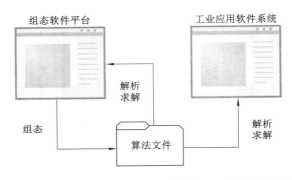

图 7-1 磨矿运行优化控制工业应用软件与组态软件平台的关系

从图 7-1 可以看出,组态软件平台开发出的运行优化控制方法是以控制算法包的形式存储在计算机中,而现场的操作员在系统运行时也并不关心采用的是什么控制策略,也不需要知道算法管理模块中有多少算法模块可供选择,因此磨矿运行优化控制工业软件继承组态软件平台的部分功能模块,如变量管理、数据显示与分析、历史数据库等,舍弃了算法管理,运行优化控制算法图形化组态、控制策略校验与自动执行模块,并在算法求解模块的基础上开发了磨矿粒度软测量和回路设定值校正模块。此外,为了满足工业实际需求,增加了优化条件判断、数据录入、数据监视、数据通讯异常诊断、生产操作指导、生产运行统计与报表以及运行日志管理功能模块,并向高级操作员提供了算法参数管理功能,以弥补由于舍弃算法组态而导致算法不可修改的缺点。所组成的功能模块如图 7-2 所示。

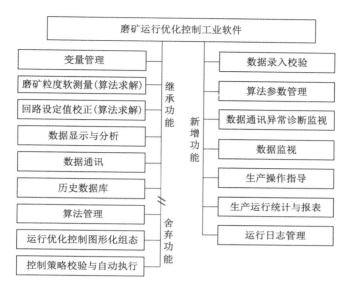

图 7-2　磨矿运行优化控制工业软件功能图

优化条件判断：判断优化算法的运行条件是否满足，包括：① 底层基础回路控制方式必须均为自动；② 运行优化控制与底层基础回路控制通讯安全可靠；③ 磨机给矿量、磨机入口给水流量、分级机溢流浓度控制回路输出必须能够跟踪当前的设定值，并且波动较小。只有上述条件满足时操作员才能启动算法的求解。

磨矿粒度软测量：从变量管理中采集数据，由磨矿过程运行优化控制软件平台所开发的赤铁矿磨矿粒度软测量算法，利用算法求解功能模块在线估计磨矿粒度。

回路设定值校正：从变量管理中采集数据，并根据磨矿粒度实际值或软测量值，采用回路设定值校正算法，利用算法求解功能模块给出当前可行的回路设定值。

数据录入：由操作员根据工艺要求和生产实际情况录入磨矿粒度目标值及目标范围、过程变量约束等相关数据。除此之外，录入确定之后进行存储时还应该包含录入人员的用户名以及录入时间，以方便用户查询相关信息。

算法参数管理：对磨矿粒度软测量、回路设定值校正算法参数进行管理，用于保存、修改上述参数。

数据通讯异常诊断：用于对运行优化控制软件系统与底层基础回路控制的通讯进行实时监视。

数据监视:以表格形式实时地显示生产过程参数,包括优化条件是否具备指示、当前优化的设定值、上次优化的设定值、当前的生产过程统计值等。作为最直接的人机交互界面,提供了系统的全部运行状况。

生产操作指导:根据当前运行工况给出操作指导,帮助操作人员增强对软件系统和控制策略的理解,使赤铁矿磨矿运行操作进一步规范化、科学化。

生产运行统计与报表功能:对各班磨矿粒度,各班、日、月处理量累计统计,生产运行异常工况的统计和自动控制系统自动投运率进行统计,并定时生成报表打印。

运行日志管理:对操作员在软件系统上的一系列操作以及运行优化控制算法的运行状态、闭环优化控制结果等信息进行存储与查询,便于了解操作员对软件系统的使用情况以及算法运行情况。

为了保证软件系统的可靠性与易用性,软件的设计与开发以人机交互为中心,通过遵循以下的原则来实现:

(1)一致性:主要体现在输入输出时,交互输入输出界面效果的一致性,具体就是指软件系统内部具有相似的界面外观、布局、相似的人机交互方式以及相似的信息显示格式等。一致性原则有利于用户尽快熟悉软件的使用,减少使用软件过程中的错误和记忆量。

(2)窗口布局合理性:窗口设计是软件界面设计必须重点考虑的内容之一,要在屏幕窗口上对各区域的分布进行合理设计,按信息的重要性与清晰程度进行科学安排。在窗口空间的安排上,形成一种简洁清晰的合理布局,个别地方还利用插入空白空间来突出某些显示元素。

(3)显示效果合理性:界面效果是软件界面最终效果的具体体现。单调的文本和黑白色容易导致用户快速疲劳;有颜色、图像等媒体的界面可以增加视觉上的感染力,减少疲劳感,图形更具有直观、形象、信息量大的优点,可使用户的操作及观感更直接,增强软件系统的可理解性和易学易用性。

(4)反馈信息及时性:反馈信息是指用户在人机操作过程中,从软件系统得到的信息。反馈信息反映了软件对用户操作所做的反应,能够让用户判断此前操作的效果。因此设计软件界面必须要考虑系统对用户操作的反馈信息,如系统处理过程的时间较长时,就应告知用户目前需要等待;输入数据之后,就应告知用户数据是否正确输入;进行某种操作时,就应告知用户其操作是否已完成;某些字段中的默认值,应尽可能被指定。对用户输入的错误给予相应的信息提示。如果出现错误,用户还没有更正过来,那么系统操作不能继续推进。

(5)容错性:交互过程中出错是很难避免的,因此,软件系统的设计应该能够具有检测功能,并提供相应的错误提示或错误处理手段,错误提示最好包含出错位置、出错原因及修改出错建议等信息。如果软件系统能针对错误提供保护功能和恢复功能等容错手段,则更加理想。使用确保数据有效性的技术手段包括:① 存在性检查:确定该项数据已经被输入。② 数据类型检查:确保输入数据类型正确。③ 域检查:确定输入的数据是否在合理的范围之内。④ 格式检查:确保输入的数据满足指定的格式。

(6)记忆性:一个软件是否具有记忆性对于用户与之交互是非常重要的。如果软件简单地记住了用户上次做了什么,并且能够灵活地根据这些内容显示新的信息,那么用户的使用效率及满意度会大大提高。常用的增强软件记忆性的方法包括:记录文件位置,记录过去的数据输入,对用户的下一步操作进行不断更新提示,界面视觉布局需要符合用户在现实世界中已获得的知识。

7.1.2.2　软件结构设计

磨矿运行优化控制工业应用软件结构如图 7-3 所示。从易用性角度看,软件系统提供的输入操作接口只有一些是与控制算法实现相关的数据录入操作,对于控制算法运行条件判断与求解、计算结果的输出、显示与分析均是由软件系统自动完成,这样减少了操作员的操作,提高了系统的易用性。

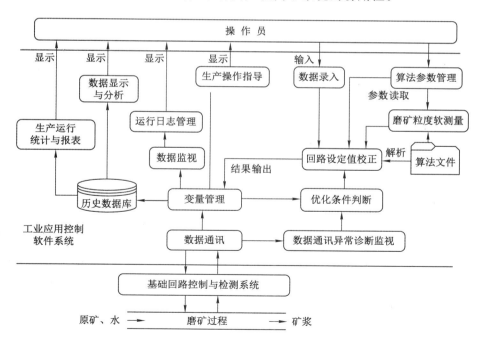

图 7-3　工业应用软件系统结构

　　软件系统所涉及的算法包括磨矿粒度软测量和回路设定值校正算法。其中,磨矿粒度软测量是在第 4 章所开发的组态软件平台上所开发的软测量算法文件,工业应用软件按照相同的解析格式即可将其嵌入到软件中,并在系统运行时采用同样的算法求解模块对软测量算法进行求解,从而使软件系统具备磨矿粒度在线估计的能力。此外,为了保障实际赤铁矿磨矿生产过程中回路设定值调整的安全可靠,回路设定值校正算法充分利用和吸收操作工程师的专家经验,根据历史运行数据,采用案例推理技术来实现对回路设定值的在线调整,所设计的回路设定值校正算法案例结构如表 7-1 所示。

表 7-1　　　　　　　　　　　　回路设定值校正算法案例结构

时间	案例描述 x											案例解 f		
T	x_1	x_2	x_3	x_4	x_5	x_6	x_7	x_8	x_9	x_{10}	x_{11}	f_1	f_2	f_3
t	S	$\bar{c}_1(k)$	$\Delta\bar{c}_1(k)$	$\bar{c}_2(k)$	$\Delta\bar{c}_2(k)$	$y_1(k)$	$y_2(k)$	$y_3(k)$	$u_1(k)$	$u_2(k)$	$u_3(k)$	$\Delta\hat{y}_1^*(k)$	$\Delta\hat{y}_2^*(k)$	$\Delta\hat{y}_3^*(k)$

　　软件运行流程如图 7-4 所示,程序运行首先加载算法文件,包括磨矿粒度软测量和设定值校正算法文件,并对其进行解析;然后依次读取由操作员录入运行指标即磨矿粒度的目标值与目标范围、过程约束,其次读取算法的参数,从而为算法运行做好必要的准备工作;此后系统将调用通讯模块,并对通讯进行诊断,当通讯无故障时,变量管理模块将从基础回路控制器中读取当前的回路控制方法与磨矿运行状态,并调用磨矿粒度软测量算法对磨矿粒度进行估计,然后对设定值优化条件进行判断,如果不满足则系统延时一段时间后重新估计磨矿粒度,并再次判断优化条件,直到优化条件具备后,才调用算法求解引擎对已准备好的回路设定值校正算法进行计算,给出当前工况条件下基础控制回路的设定值。之后,由操作人员确定所得到的设定值是否可以下装到操作员站并作为基础控制回路的设定值,如果该组设定值可以用于实际的赤铁矿磨矿生产过程,则再次调用通讯模块将该组设定值下装,作为控制回路的设定值用于实际生产过程。

7.1.3　软件实现

　　面向工业应用的赤铁矿磨矿运行优化控制软件系统的人机交互界面由磨矿系列、优化控制、变量管理、算法参数、结果分析、日志管理以及操作指导界面组成。其中磨矿系列界面是考虑到实际选矿厂可能会采用多个磨矿过程,每个磨矿过程称为一个系列,因此在此提供了对优化磨矿系统的选择。

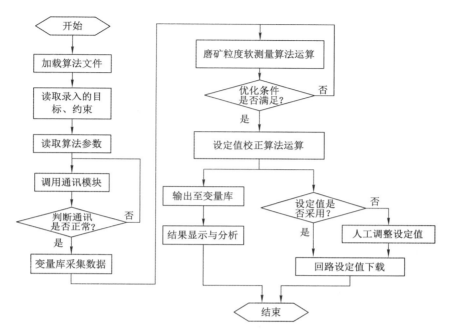

图 7-4 工业应用软件系统运行流程图

优化控制包括了对磨矿粒度的目标值与目标范围、过程约束的录入以及控制算法的启停控制操作,并对设定值优化结果、磨矿粒度控制结果、底层控制回路输出以及生产参数统计量等信息进行显示。变量管理存储了算法运行所需的所有参数,此界面继承自磨矿运行优化控制组态软件平台,在此不再详述。当在用管理员用户登陆软件系统后,可调用算法参数界面,从而能够根据当前生产运行状态对运行优化控制算法参数进行调整。结果分析提供了趋势图、饼图、均值与方差统计表等分析工具,用于查看控制效果。日志管理提供操作员在软件上的一系列操作以及优化算法的运行状态、运算结果的日志信息管理。操作指导用于指导操作员如何使用软件系统以及在软件系统未投入运行时,如何人工对设定值进行调整。在上述软件界面中,优化控制、算法参数、日志管理等是操作员或工艺工程师需要经常操作的内容,下面将对部分界面及操作进行详细描述。

(1)回路设定值校正

所开发的回路设定值校正控制界面如图 7-5 所示,此界面还包括数据监视。

图 7-5　赤铁矿磨矿过程运行优化控制软件系统界面

　　从图中可以看出,闭环优化控制提供了运行模式选择与优化操作面板。根据生产操作需求,运行模式分为监督模式和无监督模式,其中无监督模式是指软件系统给出设定值后直接下载到 DCS 中作为底层基础控制回路的设定值;监督模式是指软件系统给出设定值后,首先需要由操作人员修改并确定,然后手动下装到 DCS 系统中,才能作为底层基础控制回路的设定值。

　　操作面板提供了数据录入、单次设定值校正、自动设定值校正、人工调整和结果下载五个按钮。其中数据录入界面提供了磨矿粒度的目标值与目标范围、过程约束的录入接口,并为了保证软件的容错性,对输入数据的类型、范围、格式均进行有效的检测,确保输入数据的有效性,避免由于数据出错导致整个系统的崩溃,如图 7-6 所示。此外,界面初始化时自动加载上一时刻的录入值,降低用户的记忆压力。单次设定值优化是指算法在鼠标点击事件后只运算一次,而自动设定值优化则按照运行控制周期反复运算。人工调整与结果下载提供了在监督控制模式下操作员人工调整设定值的接口,如图 7-7 所示。

　　结果显示包括上一次设定值优化的时间、设定模块(算法校正或人工)、是否下装;当前设定值优化的时间、设定模块(算法校正或人工)的优化结果、是否下装。如果回路设定值经人工调整过,则人工调整信息一栏显示相应的调整信息,并且设定模块将设置为“人工”,如图 7-5 所示。此外,为了保证生产安全,软

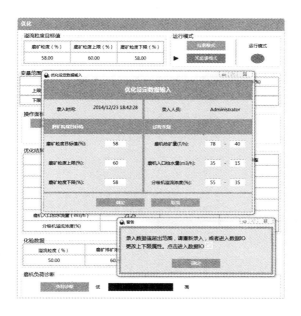

优化
溢流粒度目标值
磨矿粒度（%）
磨矿粒度上限（%）
磨矿粒度下限（%）
58.00
60.00
58.00
运行模式
运行模式
优化设定数据输入
优化设定数据输入
录入时间:
2014/12/23 18:42:28
录入人员:
Administrator
磨矿粒度目标值(%):
58
磨矿粒度上限(%):
60
磨矿粒度下限(%):
58
磨机给矿量(T/h):
78
40
磨机入口给水量(m3/h):
35
15
分级机溢流浓度(%):
55
35
分级机溢流浓度(%)
化验数据
溢流粒度（%）
50.00
警告
录入数据值超出范围，请重新录入，或者进入数据IO
更改上下限属性。点击进入数据IO
磨机负荷诊断
低
高

图 7-6　数据录入界面

优化设定数据输入
人工调整
调整时间:
2014/12/24 11:05:50
调整人员:
Engineer
变量名
上一次设定值
优化设定值
实际设定值
磨机给矿量（t/h）
78
76.01
75.2
磨机入口给水流量（m3/h）
21.25
20.33
25.5
分级机溢流浓度（%）
30.17
30.14
30.4
磨机给矿量（t/h）
77.5
磨机入口给水流量（m3/h）
28.8
分级机溢流浓度（%）
30.5
确定
取消

图 7-7　人工调整界面

件实现了第 3 章所提出的磨机负荷诊断算法，从而提供了磨机负荷的实时工况监视功能，以便在异常工况时，操作员能够及时处理。

数据监视给出了当前的磨矿粒度控制结果以及一些主要的生产统计参数，

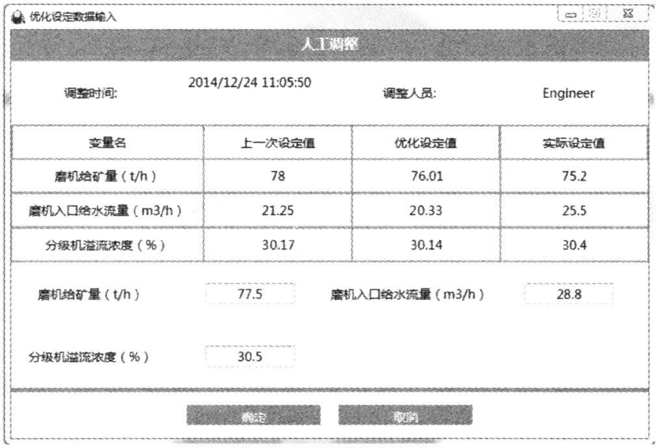

包括各作业班的矿石处理量与磨矿粒度均值、矿石处理量日累计量、矿石处理量月累计量、矿石处理量年累计量、矿石处理量日预报值、矿石处理量月预报值、矿石处理量年预报值、系统连续运行时间、系统自动投运率、异常工况运行次数、磨机作业率,如图 7-5 右半部分所示。

（2）算法参数

当使用管理员用户登录软件后,可进入如图 7-8 所示的算法参数界面。在此界面上,管理员用户可对回路设定值校正算法参数进行调整。可调整的参数包括回路设定值校正的案例权值,案例阀值。此外,用户可对回路设定值校正的案例库进行维护,实现对案例的增加、删除与修改。

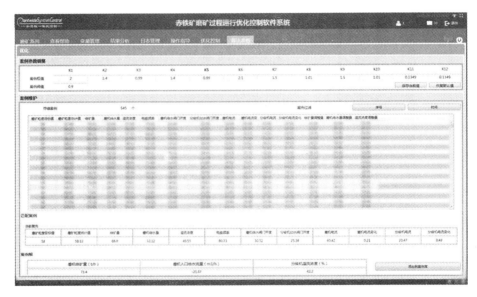

图 7-8　算法参数界面

（3）结果分析

结果分析界面如图 7-9 所示,操作员可利用图中所提供的趋势图、饼图、柱状图、表格等工具,通过建立对比磨矿粒度指标的目标值与实际值的曲线、控制误差分布曲线、磨矿粒度均值与方差统计表格等来分析控制效果的好坏。

（4）日志管理

日志管理记录了操作员对软件的所有操作以及软件的所有内部运行情况,包括用户的登录、数据的录入、运行模式的切换、算法的启停、算法运行的时间及其计算出的回路设定值、人工调整、结果下载等信息,如图 7-10 所示。

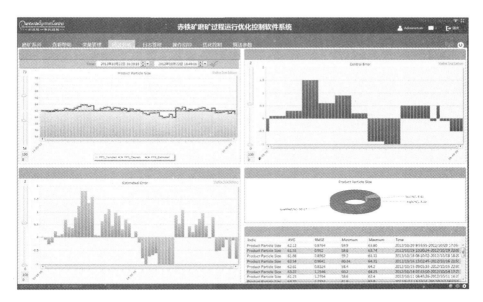

图 7-9   结果分析界面

图 7-10   日志管理界面

7.2 工业实验

7.2.1 背景简介

我国某赤铁矿选矿厂所处理的矿石组成复杂、品位较低、性质复杂,脉石矿物中浸染较多的铁矿物,造成矿石可选性差,是我国著名的难磨、难选的弱磁性氧化铁矿石之一,被称之为"镜铁山式"难选赤铁矿。

该厂磨矿过程共有四个系列,每个系列均采用如图 7-11(a)所示的 3 200 mm×3 500 mm 格子型球磨机和 2FLG-2400 mm 螺旋分级机生产设备。经过前期的过程自动化系统工程项目,为选矿过程配置了核子秤、流量计等检查装置以及变频电振机、电动调节阀等执行机构,主要设备及参数如表 7-2 所示。

表 7-2 磨矿过程主要设备及参数

设备名称	规格型号	技 术 参 数
球磨机	3 200×3 100	有效容积 22.5 m³,装机功率 600 kW,筒体转速 18 r/min
螺旋分级机	2FLG-2400	螺旋转数 3.5 r/min,传动电机 JO73-6,功率 20 kW
电振给矿机	ZG-500	功率 0.45 kW/台
核密度计	NMF-216T	测量范围:0.500~3.000 g/mL,基本误差:±1%
电磁流量计	OPTIFU 4300C	测量范围:0~12 m/s,精度:0.2%
核子秤	YT-HCS T8001	非接触式,累计误差 0.5%~1.0%
电动调节阀	ZDLS-1.6 DN100	流量特性:等百分比、线性、快开

(a) (b)

图 7-11 实际赤铁矿磨矿过程

(a)磨矿过程现场;(b)控制室

在此基础上改造了底层的基础回路控制系统,采用 Rockwell Co. 的 Controllogix5000 PLC 用于底层基础控制系统的回路控制、逻辑顺序控制、I/O 数据获取、报警设置以及网络通讯等,并建立了中心控制室,如图 7-11(b)所示。

7.2.2　控制系统实施

在现有磨矿控制系统基础上增加了一台 PC 机(Windows 7,Core i7 CPU,8G RAM,1T),用于运行本章所介绍的赤铁矿磨矿过程运行优化控制软件系统。将 PC 机通过交换机,利用以太网与现有的 Controllogix5000 PLC 监控系统相连,并将 RSView32 OPCserver 作为 OPC 数据服务器,将赤铁矿磨矿过程运行优化控制工业应用软件系统作为 OPC 客户端,实现上层运行优化控制与底层基础回路控制的数据交互。

为了实现上层运行优化控制与底层基础回路控制的协调运行,在基础回路控制 RSView32 监控软件中需要增加一个控制面板,用于实现优化回路的选择、启动与停止功能。对于控制回路,在监控软件中需要指出哪些回路需要优化,对于未选择优化的回路,即使优化的设定值给出,回路依然按照人工所给的设定值进行运行。原则上,对于所有的回路必须投入闭环自动才能启动优化系统。但考虑上述可能出现一些回路未选择优化的情况,只需要优化的回路的运行模式选择为闭环自动,即可启动上次优化。主要指出的是,上层优化是根据整个系统的运行状态给出的整体优化方案,因此,即使有的控制回路未选择优化,上次优化系统仍会给出优化值,但不真正投入到底层控制系统,仅供操作人员参考。另外,操作员可以在此切换监督模式和无监督模式,所设计的控制面板界面如图 7-12 所示。

赤铁矿磨矿过程工艺要求的磨矿粒度目标值是由企业生产计划部门根据精矿品位与金属回收率的目标,结合矿石性质来确定的。一般情况下目标值处于 56%～58%之间,生产要求磨矿粒度的波动应控制在目标值的±2%范围内,并尽可能接近目标值。此外,企业根据上期的实际生产运行情况,确定了关键过程变量的量程以及正常操作范围,如表 7-3 所示。

所采用的回路设定值校正算法中案例检索采用 AHP 方法,并根据专家经验得到的案例权值为 $\{\lambda_1,\cdots,\lambda_{12}\}=\{0.6041,0.6041,0.2886,0.2886,0.2886,0.0936,0.0936,0.0936,0.1349,0.1349,0.1349,0.1349\}$,案例阈值 ω 设置为 0.9。

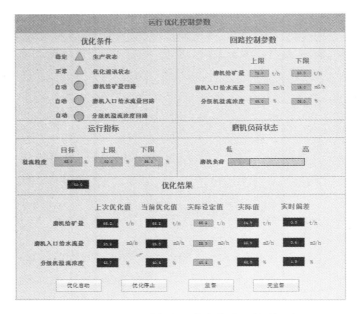

图 7-12　基础回路控制监控软件中的控制面板

表 7-3　　　　　　　　赤铁矿磨矿过程重要变量量程及操作范围

变　量	量　程	操作范围
球磨机给矿量	0~120 t/h	[65,75]
球磨机入口加水流量	0~60 m³/h	[10,30]
分级机溢流浓度	0~100%	[40,55]
分级机电流	0~80 A	[20,30]
球磨机电流	0~150 A	[45,65]

7.2.3　实验验证

　　运行优化控制软件投入使用前,某选矿厂的磨矿过程一直采用人工手动调整设定值的方式,如图 7-13 所示。从图中可以看出,各个基础控制回路的输出即磨矿给矿量、磨机入口给水流量以及分级机溢流浓度均能够较好地跟踪其设定值的变化。但是由于原矿性质与运行动态环境的变化,操作员难以获知这些信息;同时,由于缺乏磨矿粒度的在线检测设备,操作员只能将磨矿粒度的化验值作为反馈信息来调整设定值,而实验室化验周期长,从而导致控制的严重滞后。实际生产中,操作员往往难以及时准确地调整基础控制回路的设定值,使得磨矿粒度的波动较大,常常使磨矿粒度超出工艺要求的目标范围。如图 7-13 所示。从图中可以看出,此时的磨矿粒度目标值为 57％,目标范围为[55％,59％],而 12:27:30 时刻的磨矿粒度化验值为 54.5％,超出了工艺要求的下限 55％。此后,通过人工降低磨机给矿量与入口加水流量,增加分级机溢流浓度,将磨矿粒度控制在了目标值附近。但此后在 13:50:50 时刻,磨矿粒度化验值为 58.02％,这表明实际磨矿粒度再一次偏离了目标值。而在此期间,由于操作员无法全面掌握矿石性质以及磨矿粒度的变化信息,因此没有对回路设定值进行调整,从而无法抑制这一磨矿粒度的波动,只能在得到化验值后根据经验来调整设定值。此外,在人工控制下,有时给出的回路设定值可能造成磨机负荷故障工况,此时通常采取保守的人工停给矿、停机的手段来强制磨机恢复正常工况,这不仅影响了磨矿产品质量,还降低了磨矿作业率,影响生产效率。

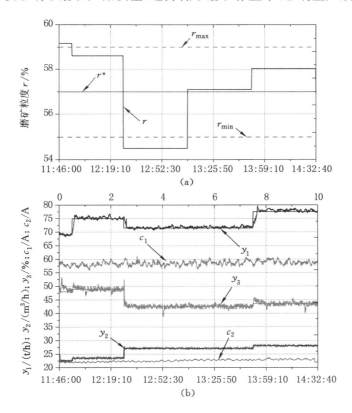

图 7-13　人工操作时的控制曲线

(a)磨矿粒度;(b)磨机给矿量、磨机入口加水流量、

分级机溢流浓度、磨机与分级机电流

再将本章所介绍开发的赤铁矿磨矿过程运行优化控制软件投入到该磨矿系统前,为了获得数据建立磨矿粒度软测量模型,在该磨矿系统上安装了 PIK-074P 在线粒度分析仪。利用 PIK-074P 所提供的磨矿粒度数据修正了软件系统中的磨矿粒度软测量模型,图 7-14 给出了磨矿粒度软测量误差的概率分布。从图中可以看出,估计误差在零附近具有较高的概率为 0.78,这说明软测量误差接近为零的数据在统计数据占有较大的比重,从而表明本书所提出的磨矿粒度软测量算法具有令人满意的估计精度。

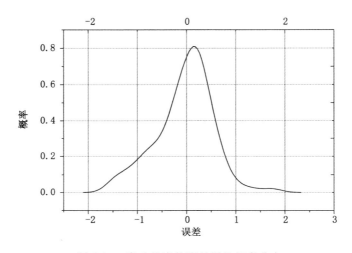

图 7-14　磨矿粒度软测量误差概率分布

将本章所介绍开发的赤铁矿磨矿过程运行优化控制软件投入到该磨矿系统,所得到的控制曲线如图 7-15 所示。软件系统于 15:01:00 开始第一次优化控制计算,从图中可以看出,软件系统在磨矿粒度人工化验期间可提供磨矿粒度的在线估计值,可将其看做磨矿粒度的实际值,在此基础上运行优化控制软件系统并根据当前的运行工况自动在线调整回路设定值,在基础回路控制使磨矿给矿量、磨机入口给水流量以及分级机溢流浓度跟踪调整后的回路设定值的情况下,可将磨矿粒度从超限状态控制到工艺要求的上下限范围内,并很快逐渐趋于目标值。在化验期间内,矿石性质的变化导致磨矿粒度也随之发生改变,这可从磨矿粒度的估计值看出。软件系统正是有效地利用这一软测量值对磨矿粒度的波动进行抑制,使其在化验时间内仍能保证磨矿粒度始终在目标值附近。此外,由于企业对不同矿石所要求的精矿品位与金属回收率不同,因此磨矿粒度的目标值在实际生产中常常是由生产计划部门来确定的,是一个变化的量。为了验证所开发的赤铁矿磨矿运行优化控制软件系统能够在磨矿粒度目标值突变的情况下仍具有很好的控制性能,在 16:24:10 时刻将磨矿粒度目标值由 57% 提高到 58%。此后,控制系统通过对磨矿给矿量、磨机入口给水流量以及分级机溢流浓度控制回路的设定与跟踪控制,在磨矿粒度化验前便开始对磨矿粒度进行调节,使其趋近目标值 58%,并始终保证控制误差在 ±2% 范围内。这充分说明了所开发的软件系统的有效性和可用性。

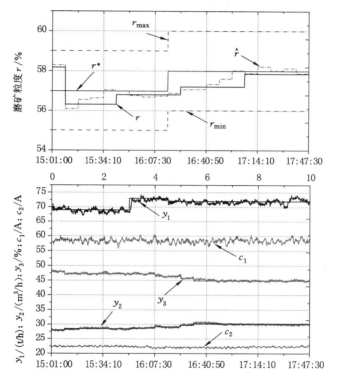

图 7-15　磨矿粒度目标值变化下的控制曲线

　　基于上述成功的工业实验,将所开发的赤铁矿磨矿过程运行优化控制软件系统长期在该选矿厂的一系列磨矿过程中投入使用,以辅助操作员修改回路设定值。从实际控制效果可以看出,所开发的软件系统在利用磨矿粒度软测量的基础上,通过辅助操作员根据运行工况调整回路设定值,对磨矿粒度进行了有效控制,其控制误差的概率分布如图 7-16 所示,其中,人工控制的统计数据来自于同期的二系列磨矿过程。由图 7-16 可以看出,采用本书所开发的软件系统所获得的磨矿粒度的实际值与目标值的误差绝大多数都落在 ±2% 的范围内,而人工操作下的磨矿粒度误差分布范围为 -2.5%~4%,并且分布曲线较为平坦,说明粒度的波动较大。

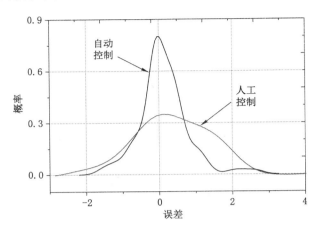

图 7-16　磨矿粒度控制误差概率分布

　　通过计算每小时内磨机给矿量的平均值,从而得到如图 7-17 所示的磨矿处理量的概率分布。从图中可以看出,人工控制下的处理量集中在 70.8 t/h,而运行优化控制软件系统投入后,提高到了 73.0 t/h。以每小时增加 2.2 t 的矿石处理量计算,年处理量可提高 1.9 万 t。此外,由于所开发的软件系统中回路设定值校正算法结合了大量的专家知识和优秀操作员的对回路设定值的实施案例,一定程度上避免了磨机发生"过负荷"与"欠负荷"的趋势,而且,软件系统利用第 3 章所提出的磨机负荷诊断方法,实时判断并显示磨机负荷,操作员可根据此信息实施相应的调整方案,从而有效保证了磨矿过程的安全、连续运行,

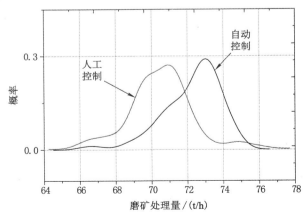

图 7-17　磨矿处理量概率分布

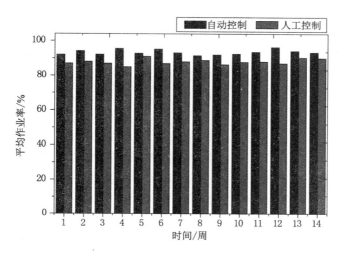

图 7-18　磨矿作业率

提高了磨矿作业率。图 7-18 为同期内采用本书所提控制方法的一系列磨矿过程与采用人工操纵方式的二系列磨矿过程的每周磨矿作业率统计均值。根据统计数据可以看出,本书介绍软件系统下的磨矿作业率显著高于人工操作方式下的磨矿作业率。这意味着投入本书所开发的软件系统后,磨矿生产效率得到了提高。

表 7-4 对磨矿粒度平均误差、磨矿粒度平均合格率、磨矿平均处理量、磨矿平均作业率进行了统计。从中可以看出,采用本书所开发的软件系统,磨矿粒度平均误差由人工控制时的 1.51% 减少到 0.47%,减少了 1.04 个百分点;磨矿粒度平均合格率由 82.12%,提高到 94.67%,提高了 8.55 个百分点;磨矿平均处理量由 68.37 t/h 提高到 70.32 t/h,提高了 1.95 t/h;同时磨矿平均作业率由 87.67% 提高到 92.88%,提高了 5.21 个百分点。所开发的软件系统在该赤铁矿磨矿过程的成功应用对于其他选矿厂磨矿过程具有广泛的应用前景。

表 7-4　　　　　　　　　　　　工业应用效果分析

指　标	人工控制	本书开发软件
磨矿粒度平均误差	1.54 %	0.47 %
磨矿粒度平均合格率	82.12%	94.67%
磨矿平均处理量	68.37 t/h	70.32 t/h
磨矿平均作业率	87.67 %	92.88 %

7.3 本章小结

  本章首先根据工业赤铁矿磨矿过程对运行优化控制软件操作的实际需求，结合人机交互的基本原则，介绍了如何开发具有数据录入、优化条件判断、磨矿粒度软测量、回路设定值校正、变量管理、数据通讯异常诊断模块、生产操作指导等功能的面向工业应用的赤铁矿磨矿运行优化控制软件系统。在我国某大型赤铁矿选矿厂磨矿生产过程的应用验证表明：本书所介绍的控制软件系统能够实现对磨矿粒度的在线估计，并辅助操作员调整回路设定值，实现磨矿产品质量的改进与磨矿作业率和效率的提高。

第 8 章 结语与展望

8.1 结束语

    磨矿过程是选矿作业中的关键环节,由于运行指标直接影响到选矿厂的金属回收率与精矿品位等指标,并且磨机处理量与作业率关系到选矿产量指标,因此,磨矿过程控制效果的优劣直接影响着选矿厂的整体经济技术指标。磨矿过程的运行控制目标为在保证磨矿过程安全、稳定、连续运行的情况下,将运行指标控制在工艺所要求的范围内,并尽可能得接近目标值。与国外先进选矿厂处理的铁矿石不同,我国铁矿石多为复杂难选的赤铁矿,其品位低、成分不稳定、硬度大、嵌布粒度细且分布不均匀,给矿粒级较宽。其生产过程的影响因素众多,具有典型的多变量耦合、强非线性、时变等综合复杂特性,并受原矿可磨性和粒度频繁波动干扰,难以建立近似过程模型;此外,由于赤铁矿中的强磁性颗粒在矿浆中存在"磁团聚"现象,使得在线粒度检测仪表难以真实测量磨矿粒度,因此难以采用基于模型的磨矿运行优化与控制方法。

    为实现赤铁矿磨矿过程的优化运行,需要将数据驱动与智能技术相结合、软测量与优化控制相结合、故障诊断与自愈控制相结合。然而,到目前为止,国内外均没有一个支持运行优化与控制算法研究与开发的软件平台。这使得赤铁矿磨矿过程的运行优化与控制只能是采用工业控制计算机,通过编程,以case-by-case 的模式来实现。从而要求运行控制工程师既要掌握复杂控制算法还要具有一定的软件与计算机技术,大大增加了运行控制项目的实施难度与进度。此外,由于实际磨矿工业环境复杂多变,而以 case-by-case 模式开发的软件系统因不具备算法组态功能,难以根据实际情况对算法进行修改或替换,严重制约了运行优化与控制的实际应用。因此,研究赤铁矿磨矿过程运行优化控制方法和能够支持算法开发与工业应用的软件系统,对实现其优化运行具有重要意义。

    本书正是从目前选矿生产企业对提高产品质量与生产效率,保证生产运行安全的迫切需求出发,依托国家自然科学基金青年项目、国家重大基础研究发展计划、江苏省自然科学基金项目以及中国博士后科学基金项目,以赤铁矿磨矿生产过程为研究对象、以提高磨矿产品质量与生产效率以及生产安全的迫切需求出发,对赤铁矿磨矿过程运行优化控制方法及软件系统进行了一定的研究、探索和工程实践。研究成果对于解决一类运行工况动态时变且难以建立数学模型的工业过程的提质增效问题具有重要的理论意义和实际应用价值,应用前景广阔。

8.2　研究展望

赤铁矿磨矿过程是一个典型的复杂流程工业过程,其运行优化与控制所涉及的知识非常广,包括运行指标预测、优化控制、故障诊断与自愈控制等。其研究需要综合运用控制科学、人工智能、计算机、通讯以及物理动力学等学科知识,属于多学科交叉研究。本书虽然在运行优化控制及其软件系统方面做了一些探索与实践,但是在一些方面还有待进一步研究:

（1）磨矿运行指标软测量

磨矿运行指标的在线估计长期以来是研究的热点,然而由于运行指标的实际值常常依赖化验数据,使得可用的样本数较少且时间不连续,因此难以实现运行指标的动态模型。实际生产中可采集大量的没有标记的样本,如何采用半监督的学习方法,充分利用这些数据提高磨矿运行指标软测量模型品质是非常值得研究的内容。

（2）磨矿运行优化控制方法的稳定性分析

将本书所提出的数据驱动的赤铁矿磨矿过程运行优化方法在实际工业过程中进行验证并改进是今后需要深入开展的研究工作。虽然本书对所提方法中的神经网络学习的收敛性通过设计学习率得到了有效保证,但在实际运行中,如何保证基于神经网络的控制方法的稳定性是今后值得深入研究的课题。

（3）参数自适应的负荷异常工况诊断与自愈控制

负荷异常工况诊断与自愈控制算法中,部分参数还需要通过人工经验获得。如何从大量的过程数据出发,利用数据驱动、数据挖掘和机器学习等方法实现关键参数的自动选取也是需要进一步研究的内容。

（4）集成专有算法的磨矿运行优化控制软件平台

在软件平台中,需开发针对磨矿过程的专有优化与控制算法工具箱,从而形成用于选矿行业的专用控制软件平台,以服务我国的选矿生产企业,促进国民经济的发展。

参 考 文 献

[1] 冯守本.选矿厂设计[M].北京:冶金工业出版社,2005.

[2] 柴天佑,丁进良,王宏,等.复杂工业过程运行的混合智能优化控制方法[J]. 自动化学报,2008,34(5):505-515.

[3] 桂卫华,阳春华.复杂有色冶金生产过程智能建模、控制与优化[M].北京: 科学出版社,2010.

[4] CHAI T Y,QIN S J,WANG H. Optimal operational control for complex industrial processes[J]. Annual Reviews in Control,2014,38:81-92.

[5] CHAI T Y. Optimal Operational Control for Complex Industrial Processes [J]. IFAC Proceedings Volumes,2012,45(15):722-731.

[6] 周平.复杂磨矿过程运行反馈控制方法研究[D].沈阳:东北大学,2013.

[7] 柴天佑.复杂工业过程运行优化与反馈控制[J].自动化学报,2013,39(11): 1744-1756

[8] LIN M,XU L,YANG L T,et al. Static security optimization for real-time systems[J]. IEEE Transactions on Industrial Informatics,2009,5(1): 22-37.

[9] YOUNG R E. Petroleum refining process control and real-time optimiza-tion[J]. IEEE Control System Magazine,2006,26(6):73-83.

[10] 丁进良.动态环境下选矿生产全流程运行指标优化决策方法研究[D].沈 阳:东北大学,2012.

[11] SKOGESTAD S. Self-optimizing control:the missing link between stead-y-state optimization and control[J]. Computers and Chemical Engineer-ing,2000,24(2):569-575.

[12] SKOGESTAD S. Plantwide control:the search for the self-optimizing control structure[J]. Journal of Process Control,2000,10(5):487-507.

[13] SKOGESTAD S. Near-optimal operation by self-optimizing control:from process control to marathon running and business systems[J]. Computers and Chemical Engineering,2004,29(1):127-137.

[14] MANUM H,SKOGESTAD S. Self-optimizing control with active set

changes[J]. Journal of Process Control,2012,22(5):873-883

[15] MORARI M,STEPHANOPOULOS G,ARKUN Y. Studies in the synthesis of control structures for chemical processes,Part I:formulation of the problem. Process decomposition and the classification of the control task. Analysis of the optimizing control structures[J]. AIChE Journal, 1980,26(2):220-232.

[16] HALVORSEN I J,SKOGESTAD S. Optimal operation of Petlyuk distillation:steady-state behavior[J]. Journal of Process Control,1999,9(5): 487-507.

[17] QIU Q F,RANGAIAH G P,KRISHNASWAMY P R. Application of a plant-wide control design to the HDA process[J]. Computers and Chemical Engineering,2003,27(1):73-94.

[18] JENSEN J B,SKOGESTAD S. Optimal operation of simple refrigeration cycles Part I:Degrees of freedom and optimality of sub-cooling[J]. Computers and Chemical Engineering,2007,31(5):712-721.

[19] JENSEN J B,SKOGESTAD S. Optimal operation of simple refrigeration cycles Part II:Selection of controlled variables[J]. Computers and Chemical Engineering,2007,31:1590-1601.

[20] SKOGESTAD S. Control structure design for complete chemical plants [J]. Computers and Chemical Engineering,2004,28(1):219-234.

[21] KASSIDAS A,PATRY J,MARLIN T. Integrating process and controller models for the design of self-optimizing control[J]. Computers and Chemical Engineering,2000,24(12):2589-2602.

[22] SHARMA R,GLEMMESTAS B. On Generalized Reduced Gradient method with multi-start and self-optimizing control structure for gas lift allocation optimization[J]. Journal of Process Control,2013,23(8): 1129-1140.

[23] 叶凌箭,李英道,宋执环. 一种构造化工过程被控变量的方法[J]. 化工学报,2011,62(8):2221-2226.

[24] 叶凌箭,钟伟红,宋执环. 基于分段线性化法的改进自主优化控制[J]. 自动化学报,2013,39(8):1231-1237.

[25] JASCHKE J,SKOGESTAD S. NCO tracking and self-optimizing control in the context of real-time optimization[J]. Journal of Process Control, 2011,21:1047-1416.

[26] FRANCOIS G,SRINIVASAN B,BONVIN D. Use of measurement for enforcing the necessary conditions of optimality in the presence of constraints and uncertainty[J]. Journal of Process Control,2005,15: 701-712.

[27] KADAM J V,MARQUARDT W,SRINIVASAN B,et al. Optimal grade transition in industrial polymerization processes via NCO tracking[J]. AIChE Journal,2007,53:627-639.

[28] KADAM J V,SCHLEGEL M,SRINIVASAN B,et al. Marquardt W. Dynamic optimization in the presence of uncertainty:From off-line nominal solution to measurement-based implementation[J]. Journal of Process Control,2007,17(5):389-398.

[29] GROS S,SRINIVASAN B,BONVIN D. Optimizing control based on output feedback[J]. Computers and Chemical Engineering,2009,33(1): 191-198.

[30] 叶凌箭. 过程控制系统结构优化与设计[D]. 杭州:浙江大学,2011.

[31] MARLIN T E,HRYMAK A N. Real-time operations optimization of continuous processes[C]//AIChE Symposium Series. New York,NY:American Institute of Chemical Engineers,1997,93(316):156-164.

[32] DARBYA M L,NIKOLAOUB M,JONESC J,et al. RTO:An overview and assessment of current practice[J]. Journal of Process Control,2011, 21(6):874-884.

[33] CHACHUATA B,SRINIVASANB B,BONVINC D. Adaptation strategies for real-time optimization[J]. Computers & Chemical Engineering, 2009,33(10):1557-1567

[34] BONVINA D,SRINIVASANB B. On the role of the necessary conditions of optimality I n structuringdynamic real-time optimization schemes[J]. Computers & Chemical Engineering,2013,51:172-180.

[35] MARCHETTI A,CHACHUAT B,BONVIN D. A dual modifier-adaptation approach for real-time optimization[J]. Journal of Process Control, 2010,20(9):1027-1037.

[36] HUANG J W,LI H G. A novel real-time optimization methodology for chemical plants[J]. Chinese Journal of Chemical Engineering,2012,20 (6):1059-1066.

[37] KELLY J D,HEDENGREN J D. A steady-state detection (SSD) algo-

rithm to detect non-stationary drifts in processes[J]. Journal of Process Control,2013,23(3):326-331.

[38] SUNS C,HUANG D,GONG Y X. Gross Error Detection and Data Reconciliation using Historical Data[J]. Procedia Engineering, 2011, 15: 55-59.

[39] CHIARI M,BUSSANI G,GROTTOLI M G,et al. On-line data reconciliation and optimization:refinery applications[J]. Computers and Chemical Engineering,1996,21:S1185-S1190.

[40] YIP W S. Model updating in real-time optimization[D]. Hamilton:McMaster University,2002.

[41] SEQUEIRA S E,HERRERA M,GRAELLS M,et al. On-line Process optimization:Parameter tuning for the real time evolution (RTE) approach [J]. Computers and Chemical Engineering,2004,28(5):661-672.

[42] FINDEISEN W,BAILEY F N,BRDYS M,et al. Control and Coordination in Hierarchical Systems[M]. New York:John Wiley,1980.

[43] ASADI I, ASADI E. Investigation on effect of real time optimization (RTO) on reducing energy consumption in the gas sweetening plant in Iran[C]. Proceedings of the 3rd International Youth Conference on Energetics. Leiria,Portugal:the IEEE inc. ,2011:1-7.

[44] FRANCOS G,BONVIN D. Measurement-based real-time optimization of chemical processes[J]. Control and Optimisation of Process Systems, 2013,43:1-50.

[45] LEE D E,CHOI S,AHN S,et al. A robust framework with statistical learning method and evolutionary improvement algorithm for proeess real-time optimization[C]. IEEE International Conference on Systems,Man and Cybernetics. Waikoloa,HI:the IEEE Inc. ,2005,3:2281-2286.

[46] TOSUKHOWONG T. An introduction to a dynamic plant-wide optimization strategy for an integrated plant[J]. Computers and Chemical Engineering,2004,29(1):199-208.

[47] SEQUEIRA S E,GRAELLS M,PUIGJANER L. Real-time evolution of online optimization of continuous processes[J]. Industrial and Engineering Chemistry Research,2002,41(7):1815-1825.

[48] BASAK K,ABHILASH K S,GANGULY S,et al. On-line optimization of a crude distillation unit with constraints on product properties[J]. Indus-

trial and Engineering Chemistry Research,2002,41(6):1557-1568.

[49] SHAMMA J S,ATHANS M. Gain scheduling:potential hazards and possible remedies[J]. IEEE Control Systems Magazine, 1992, 12 (3): 101-107.

[50] LAWRENCE D A,RUGH W J. Gain scheduling dynamic linear controllers for a nonlinear plant[J]. Automatica,2005,31(3):381-390.

[51] MAYNE D Q,RAWLINGS J B,RAO C V,et al. Constrained model predictive control:stability and optimality[J]. Automatica, 2000, 36 (6): 789-814.

[52] BRYDS M A,GROCHOWSKI M,GMINSKI T,et al. Hierarchical predictive control of integrated wastewater treatment systems[J]. Control Engineering Practice,2008,16(6):751-767.

[53] XI Y G,LI D W,LIN S. Model predictive control-status and challenges [J]. Acta Automatica Sinica,2013,39(3):222-236.

[54] QIN S J,BADGWELL T A. A survey of industrial model predictive control technology[J]. Control Engineering Practice,2003,11(7):733-764.

[55] WANG Y,BOYD S. Fast evaluation of quadratic control-lyapunov policy [J]. IEEE Transactions on Control Systems Technology,2011,19(4): 939-946.

[56] SUN Z J,QIN S J,SINGHAL A,et al. Control Performance Monitoring of LP-MPC Cascade Systems[C]. American Control Conference. San Francisco:the IEEE Inc. ,2011:4422-4427.

[57] SOUZAA G D,ODLOAKA D,ZANINB A C. Real time optimization (RTO) with model predictive control (MPC)[J]. Computers and Chemical Engineering,2010,34(12):1999-2006.

[58] ZOU T,LI H Q,ZHANG X X,et al. Feasibility and soft constraint of steady state target calculation layer in LP-MPC and QP-MPC cascade control systems[C]. International Symposium on Advanced Control of Industrial Processes. Hangzhou:the IEEE Inc. ,2011:524-529.

[59] AL-SHAMMARI A A,FORBES J F. Post-optimality approach to prevent cycling in linear MPC target calculation[J]. European Journal of Control, 2012,18(6):558-569.

[60] 周晓杰.氧化铝熟料烧成回转窑过程混合智能控制的研究[D].沈阳:东北大学,2007.

[61] ZANIN A C,GOUVÊA M T D,ODLOAK D. Integrating realtime optimization into the model predictive controller of the FCC system[J]. Control Engineering Practice,2002,10 (8):819-831.

[62] ZANIN A C,GOUVÊA M T D,ODLOAK D. Industrial implementation of a real-time optimization strategy for maximizing production of LPG in a FCC unit[J]. Computers and Chemical Engineering, 2000, 24 (2): 525-531.

[63] 饶宁. 水处理混凝投药预测控制方法研究[D]. 杭州:浙江工业大学,2013.

[64] FERRAMOSCA A,LIMON D,GONZALEZ A H,et al. MPC for tracking zone regions[J]. Journal of Process Control,2010,20(4):506-516.

[65] 李姝. 基于预测控制的汽油发动机怠速控制方法研究[D]. 长春:吉林大学,2010.

[66] FOSS B A,SCHEI T S. Putting nonlinear model predictive control into use[M]// Assessment and Future Directions of Nonlinear Model Predictive Control. Berlin Heidelberg:Springer,2007:407-417.

[67] Naidoo K,Guiver J,Turner P,et al. Experiences with nonlinear mpc in polymer manufacturing[M]// Assessment and future directions of nonlinear model predictive control. Berlin Heidelberg:Springer, 2007: 383-398.

[68] LI H X,GUAN S P. Hybrid intelligent control strategy Supervising a DCS-controlled Batch Process[J]. IEEE Control Systems Magazine 2001, 21 (3),36-48.

[69] LIU J X,LIU J L,DING J L,et al. Intelligent control for operation of iron ore magnetic separating process[C]. World Congress on Intelligent Control and Automation. Chongqing:the IEEE Inc. ,2008:2798-2803.

[70] YANA J,CHAI T Y,YU W,et al. Multi-objective evaluation-based hybrid intelligent control optimization for shaft furnace roasting process [J]. Control Engineering Practice,2012,20(9):857-868.

[71] YANG C H,GUI W H,KONG L S,et al. Modeling and optimial-setting control of blending process in a metallurgical industry[J]. Computers and Chemical Engineering,2009,33:1289-1297.

[72] 杨辉,柴天佑. 稀土萃取分离过程的优化设定控制[J]. 控制与决策,2005, 20(4):398-407.

[73] WANG Z J,WU Q D,CHAI T Y. Optimal-setting control for complicat-

ed industrial processes and its application study[J]. Control Engineering Practice,2004,12:65-74.

[74] WANG W,LI H X,ZHANG J T. A hybrid approach for supervisory control of furnace temperature[J]. Control Engineering Practice,2003,11 (11):1325-1334.

[75] 陈友文,柴天佑.工业加热炉温度设定的研究与应用[J].钢铁研究学报, 2010,22(9):53-57.

[76] YANG C H,GUI W H,KONG L S,et al. A two-stage intelligent optimization system for the raw slurry preparing process of alumina sintering production[J]. Engineering Applications of Artificial Intelligence,2009, 22:786-795.

[77] 王焱,孙一康.基于板厚板形综合目标函数的冷连轧机轧制参数智能优化新方法[J].冶金自动化,2002,3:11-14.

[78] 白锐,佟绍成,柴天佑.氧化铝生料浆制备过程的智能优化控制方法[J].控制与决策,2013,28(4):525-536.

[79] WU Z W,WU Y J,CHAI T Y,et al. Data-Driven Abnormal Condition Identification and Self-Healing Control System for Fused Magnesium Furnace[J]. IEEE Transactions on Industrial Electronics,2014,In press.

[80] CHAI T Y,WU F H,DING J L,et al. Intelligent work-situation fault diagnosis and fault-tolerantsystem for roasting process of shaft furnace[J]. Proc of the ImechE,Part I,Journal of Systems and Control Engineering, 2007,221(I6):843-855

[81] LIU Q,CHAI T Y,Qin S J,Fault Diagnosis of Continuous Annealing Processes Using Reconstruction-Based Method[J]. IEEE Trans. on Neural Networks,2011,22(12):2284-2295.

[82] http://software. invensys. com/products/simsci/optimize/romeo-process-optimization.

[83] 徐用懋,杨尔辅.石油化工流程模拟、先进控制与过程优化技术的现状与展望[J].工业控制计算机,2001,14(9):21-27.

[84] http://www. aspentech. com/products/aspenONE.

[85] 方学毅.过程系统记忆性增强型实时优化方法[D].杭州:浙江大学,2009.

[86] MARTIN G,JOHNSTON D. Continuous Model-Based Optimization[C]. Hydrocarbon Processing's Process Optimization Conference. Houston, 1998:24-26.

[87] LESTAGE R, POMERLEAU A, HODOUIN D. Constrained real-time optimization of a grinding circuit using steady-state linear programming supervisory control[J]. Powder Technology, 2000, 124(3): 254-263.

[88] RADHAKRISHNAN V R. Model based supervisory control of a ball mill grinding circuit[J]. Journal of Process Control, 1999, 9(3): 195-211.

[89] MULLER, B, VAALP L D. Development of a model predictive controller for a milling circuit[J]. Journal of the South African Institute of Mining and Metallurgy, 2000, 100: 449-453.

[90] CHEN X S, ZHAI J Y, LI S H, et al. Application of model predictive control in ball mill grinding circuit[J]. Minerals Engineering, 2007, 20(11): 1099-1108.

[91] CHEN X S, LI Q, FEI S M. Constrained model predictive control in a ball mill grindingprocess[J]. Powder Technol. 2008, 186: 31-39.

[92] RAMASAMY M, NARAYANAN S S, RAO C D P. Control of ball mill grinding circuit using model predictive control scheme[J]. Journal of Process Control, 2005, 15(3): 273-283.

[93] NIEMI A J, TIAN L, YLINEN R. Model predictive control for grinding systems[J]. Control Engineering Practice, 1997, 5(2): 271-278.

[94] REMES A, AALTONEN J, KOIVO H. Grinding circuit modeling and simulation of particle size control at Siilinjärvi concentrator[J]. International journal Miner Process. 2010, 96: 70-78.

[95] 马天雨, 桂卫华, 阳春华, 等. 多模型预测控制在磨矿分级过程中的应用[J]. 控制与决策, 2012, 27(11): 1715-1719.

[96] POMERLEAU A, HODOUIN D, DESBIENS A, et al. A survey of grinding circuit control methods: from decentralized PID controllers to multivariable predictive controllers[J]. Powder Technology, 2000, 108(2): 103-115.

[97] YANG J, Li S, CHEN X, LI Q, Disturbance rejection of ball mill grinding circuitsusing DOB and MPC[J]. Powder Technology. 2010, 198: 219-228.

[98] ZHOU P, CHAI T Y, ZHAO J H. DOB Design for Nonminimum-Phase Delay Systems and Its Application in Multivariable MPC Control[J]. IEEE Transactions on Circuits and System-II, 2012, 59(8): 525-529.

[99] COETZEE L C, CRAIG I K, KERRIGAN E C. Robust nonlinear model predictive control of a run-of-mine ore milling circuit[J]. IEEE Transac-

tion on Control System Technology. 2010,18:222-229.

[100] ROUX J D L,PADHI R,CRAIG I K. Optimal control of grinding mill circuit using model predictive static programming: A new nonlinear MPC paradigm[J]. Journal of Process Control,2014(24):29-40.

[101] CHEN X S,YANG J,LI S H,et al. Disturbance Observer Based Multivariable Control of Ball Mill Grinding Circuits[J]. Journal of Process Control,2009,19:1205-1213.

[102] ZHOU P,CHAI T Y. Grinding circuit control: A hierarchical approach using extended 2-DOF decoupling and model approximation[J]. Powder Technology,2011,213(3):14-26.

[103] ZHOU P,DAI W and CHAI T Y. Multivariable Disturbance Observer Based Advanced Feedback Control Design and Its Application to a Grinding Circuit[J]. IEEE Transactions on Control Systems Technology,2014,2(4):1474-1485.

[104] 汪兴亮. 选矿作业的智能控制[J]. 国外选矿快报,1997,4:18-21.

[105] CHEN X,LI Q,FEI S. Supervisory expert control for ball mill grinding circuits[J]. Expert Systems with Applications,2008,34(3):1877-1885.

[106] BORELL M,BACKSTROM P O,SODERBERG L. Supervisory control of autogenous grinding circuits [J]. International Journal of Mineral Process,1996,(44-45),337-348.

[107] 周平,岳恒,郑秀萍,等. 磨矿过程的多变量模糊监督控制[J]. 控制与决策,2008,23(6):685-688.

[108] 张孝临. 磨矿过程专家系统研究与应用[D]. 长春:吉林大学,2010.

[109] CHEN X S,ZHAI J Y,LI Q,et al. Fuzzy logic based on-line efficiency optimization control of a ball mill grinding circuit [J]. Proceeding of Fourth International Conference on Fuzzy Systems and Knowledge Discovery,2007,2:575-580

[110] GONZ'ALEZ G D,MENDEZ H,Mayo F D. A dynamic compensation for particle size distribution stimators[J]. ISA Transactions,1985,25(1):47-51.

[111] VILLAR R G D,THIBAULT J,VILLAR R D. Development of a soft-sensor for particle size monitoring[J]. Mineral Engineering,1996,9(1):55-72.

[112] GONZ'ALEZ G D,ODGERS R,BARRERA R,et al. Softsensor design

considering composite measurements and the effect of sampling periods [C]. Proceedings Copper 95, International Conference, Santiago, 1995: 213-224..

[113] CASALI A, GONZ'ALEZ G D, Torres F, et al. Particle size distribution soft-sensor for a grinding circuit [J]. Powder Technology, 1998, 99: 15-20.

[114] SBARBARO D, ASCENCIO P, ESPINOZA P, et al. Adaptive soft-sensors for on-line particle size estimation in wet grinding circuits[J]. Control Engineering Practice, 2008, 16(2): 171-178.

[115] DU Y G, VILLAR R D, THIBAULT J. Neural net-based softsensor for dynamic particle size estimation in grinding circuits [J]. International Journal of Mineral Processing, 1997, 52(2): 121-135.

[116] SBARBARO D, BARRIGA J, VALENZUELA H, et al. A comparison of neural networks architectures for particle size distribution estimation in wet grinding circuits [C]. ISA Conference and Exhibition, Houston, 2001.

[117] 张晓东, 王伟, 王小刚. 选矿过程神经网络粒度软测量方法的研究[J]. 控制理论与应用, 2002, 19(1): 359-366.

[118] 丁进良, 岳恒, 齐玉涛, 等. 基于遗传算法的磨矿粒度神经网络软测量 [J]. 仪器仪表学报, 2006, 27(9): 981-984.

[119] SUN Z, WANG H, ZHANG Z. Soft sensing of overflow particle size distributions in hydrocyclones using a combined method[J]. Tsinghua Science And Technology, 2008, 13(1): 47-53.

[120] 王新华, 桂卫华, 王雅琳, 等. 混合核函数支持向量机的磨矿粒度预测模型 [J]. 计算机工程与应用, 2010, 46(2): 208-2011.

[121] 周平, 岳恒, 赵大勇, 等. 基于案例推理的软测量方法及在磨矿过程中的应用[J]. 控制与决策, 2006, 21(6): 646-650.

[122] ZHOU P, CHAI T Y. Data-Driven Soft-Sensor Modeling for Product Quality Estimation Using Case-Based Reasoning and Fuzzy-Similarity Rough Sets [J]. Transactions on Automation Science and Engineering, 2014.

[123] http://www.outotec.com/en/Products--services/Analyzers-and-automation/Outotec-ACT/.

[124] ALDRICH C, MARAIS C, SHEAN B J, et al. Online monitoring and

control of froth flotation systems with machine vision:A review[J]. International Journal of Mineral Processing,2010,96(1-4):1-13.

[125] 徐明冬. ACT 先进控制在大山选矿厂的应用[J]. 矿冶,2003,12(3):76-78.

[126] http://kscape. com/ksx/.

[127] http://kscape. com/sagmilloptimization/.

[128] http://kscape. com/millscanner/.

[129] http://mantacontrols. com. au/Cube/products. html.

[130] KARAGEORGOS J,GENOVESE P,BAAS D. Current trends in SAG and AG mill operability and control[J]. Cancouver BC,Canada:Department of Mining Engineering Universrry of British Columbia,2006.

[131] ALMONDD G,BECERRA K,CAMPAIN D. The minerals plant of the future-leveraging automation and using intelligent collaborative environment[J]. Journal of the Southern African Institute of Mining and Metallurgy,2013,113(3):273-283.

[132] WOLMARANS E, MORGAN P, SMIT D. Commissioning of the 375ktpm autogenous milling circuit at Nkomati Nickel[C]. Proceedings of the 6th Southern African Base Metals Conference,SAIMM,Phalaborwa,2011:65-86.

[133] ALMONDD G,BECERRA K,MARU T D,et al. Model predictive control as a tool for production ramp-up and optimization at the Nkomati Nickel Mine[C]. 5th International Conference on Autogenous and Semi-autogenous Grinding Technology,Vancouver,Canada,September 2011.

[134] KNIGHTS B D H,SATYRO J C,DIAS R A,et al. Performance improvements provided by Mintek's FloatStar™ advanced control system on reverse flotation of iron ore[J]. Journal of the Southern African Institute of Mining and Metallurgy,2012,112(3):203-209.

[135] http://www. mintek. co. za/technical-divisions/measurement-and-control-solutions-mac/control-solutions/millstar/.

[136] HARTJ R,SCHUBERT J H,SMITH V C,et al. Milling circuit control and optimisation:the MillStar with IES[C]. 32nd Annual Operator's Conference of the Canadian Mineral Processors,Ottawa,Canada,2000.

[137] 周俊武,徐宁,选矿自动化新进展[J]. 有色金属(选矿部分),2011,增刊 1:47-63.

[138] TANO K，OBERG E，SAMSKOG P O，et al. Comparison of control strategies for a hematite processing plant[J]. Powder Technology，1999，105(1-3)：443-450.

[139] BOUCHÉ C，BRANDT C，BROUSSAUD A，et al. Advanced control of gold ore grinding plants in South Africa[J]. Minerals Engineering，2005，18(8)：866-876

[140. BOUCHÉ C，BRANDT C，BROUSSAUD A，et al. Advanced control of gold ore grinding plants in South Africa[J]. Minerals Engineering，2005，18(8)：866-876

[141] 王新绥，蔡幼忠.带选矿自动化高级控制软件的新型分散控制系统-介绍 Honeywell 公司 PlantScape 系统[J]. 有色矿山，2000，29(5)：48-50.

[142] MATHUR A，PARTHASARATHYS，GAIKWAD S. Hybrid neural network multivariable predictive controller for handling abnormal events in processing applications[C]. Proceedings of the 1999 IEEE International Conference on Control Applications. Kohala Coast：IEEE Inc.，1999，1：13-17.

[143] CIPRIANO A. Advanced Control and Supervision of Mineral Processing Plants[M]. London：Springer，2010.

[144] AAMODT A，PLAZA E. Case-based reasoning：Foundational issues，methodological variations，and system approaches[J]. AI Communications，1994，7(11)：39-59.

[145] 周平，柴天佑.基于案例推理的磨矿分级系统智能设定控制[J].东北大学学报.2007，28(5)：613-616.

[146] ZHOU P，CHAI T Y，SUN J. Intelligent Optimal-Setting Control for Grinding Circuits of Mineral Processing Process[J]. IEEE Transactions on Automation Science and Engineering，2009，6(4)：730-743.

[147] 段旭琴，选矿概论[M].北京：化学工业出版社，2011.

[148] 涂植英，过程控制系统(第 2 版)[M].北京：机械工业出版社，1988.

[149] NAJIM K，HODOUIN D，DESBIENS A. Adaptive control：state of the art and an application to a grinding process[J]. Powder Technology，1995，82(1)：59-68.

[150] HERBST J A，PATE W T，OBLAD A E. Model-based control of mineral processing operations[J]. Powder technology，1992，69(1)：21-32.

[151] 王泽红，陈炳辰.球磨机负荷检测的现状与发展趋势[J].中国粉体技术，

2001,7(1):19-23.

[152] NIEROP M A V,MOYS M. Premature centrifuging,oscillation and axial mixing of an industrial grinding mill load[J]. Miner. Eng. ,1998,11(5):437-445.

[153] 陈炳辰.磨矿原理[M].北京:冶金工业出版社,1989.

[154] BOND F C. Crushing and Grinding Calculations[J]. Canadian Mining & Metallurgical Bulletin,1961,47(5-07):466-472.

[155] POWELL M S,MORRELL S,LATCHIREDDI S. Developments in the understanding of South African style SAG mills[J]. Minerals Engineering,2001,14(10):1143-1153.

[156] TANGSATHITKULCHAI C. The effect of slurry rheology on fine grinding in a laboratory ball mill[J]. International Journal of Mineral Processing,2003,69(1):29-47.

[157] KLIMPEL R R. Slurry rheology influence on the performance of mineral/coal grinding circuit,Part 2. Mining Engineering,1983,35:21-26.

[158] 张晓东.先进控制技术在选矿过程控制中的应用研究[D].沈阳:东北大学,2000.

[159] PLITT L R. A mathematical model of the gravity classifier[J]. IndustrieMinerale Mines et Carrieres Les Techniques,1992:22-22.

[160] 张寿明,李金彪.金川选矿厂3♯系统磨矿分级多参数测控[J].金属矿山,1996(5):34-37.

[161] DUARTE M,CASTILLO A,SEPLVEDA F,et al. Multivariable control of grinding plants:A comparative simulation study[J]. ISA Transactions,2002,41(1):57-79.

[162] 张守元,王会清.磨矿分级过程预测控制的仿真研究[J].金属矿山,1997(6):25-28.

[163] ZHAO D Y,CHAI T Y,WANG H,et al. Hybrid intelligent control for regrinding process in hematite beneficiation[J]. Control Engineering Practice,2014 (1),22:217-23.

[164] ZHOU P,LU S,YUAN M,et al. Survey on higher-level advanced control for grinding circuits operation[J]. Powder Technology,2016,288:324-338.

[165] 曾云南.现代选矿过程粒度在线分析仪的研究进展[J].有色设备,2008,2:5-9.

[166] SINGH V,GHOSH T K,RAMAMURTHY Y,et al. Beneficiation and agglomeration process to utilize low-grade ferruginous manganese ore fines[J]. International Journal of Mineral Processing,2011,99(1-4): 84-86.

[167] CHARLES R J. Energy-size relationships in comminution[J]. Transactions of AIME,1957 208:80-88.

[168] EPSTEIN B. Logarithmico-Normal Distribution in Breakage of Solids [J]. Industrial and Engineering Chemistry,1948,40(12):2289-2292.

[169] SEDLATSCHEK K,BASS L. Contribution to the theory of milling processes[J]. Powder Metall Bull,1953,6:148-153.

[170] BROADBENT S R,CALLCOTT T G. A matrix analysis of processes involving particle assemblies[J]. Philosophical Transactions of the Royal Society of London. Series A,Mathematical and Physical Sciences, 1956,249(960):99-123.

[171] GAUDIN A M,MELOY T P. Model and a comminution distribution equation for single fracture[J]. Trans. AIME,1962,223(1):40-43.

[172] 盖国胜,陈炳辰.粉磨过程数学模型及过程优化研究评述[J].金属矿山, 1995(1):28-32.

[173] 盖国胜,陈炳辰.球磨过程无因次量群及数学模型组[J].矿业工程,1994, 14(2):22-26.

[174] FUERSTENAU D W,PHATAK P B,KAPUR P C,et al. Simulation of the grinding of coarse/fine (heterogeneous) systems in a ball mill[J]. International Journal of Mineral Processing,2011,99(1):32-38.

[175] 陈炳辰.磨矿原理[M].北京:冶金工业出版社,1989.

[176] 孙利波.球磨过程的数学模型及其试验研究[D].济南:山东大学,2006.

[177] HERBST J A,SIDDIQUE M,RAJAMANI K,et al. Population based approach to ball mill cale-up:bench and pilot scale investigations[J]. Transactions of AIME,1983,272:1945-1954.

[178] HERBST J,FUERSTENAU D. Scale-up procedure for continuous grinding mill design using population balance models[J]. International Journal of Mineral Processing,1980,7(1):1-31.

[179] KING R P. Modeling and Simulation of Mineral Processing Systems [M]. Oxford:Butterworth-Heinemann,2001.

[180] WANG X,GUI W,YANG C,et al,Wet grindability of an industrial ore

and its breakage parameters estimation using population balances[J]. International Journal of Mineral Processing,2011,98(1-2):113-117.

[181] WHITEN W J. A model for simulating crushing plants[J]. Journal of the South African Institute of Mining and Metallurgy, 1972, 72 (10): 257-264.

[182] LIS R,SPOTTISWOOD D J. Development of a mathematical model for a spiral classifier[J]. Nonferrous Metals (China),1984,36(4):35-46.

[183] 胡为柏,伍敏善,张国祥. 螺旋分级机的数学模型[J]. 有色金属,1984,36 (2):28-33.

[184] 伍敏善,螺旋分级机的数学模型及稳态磨矿回路的计算机仿真[D]. 长 沙:中南大学,1983.

[185] 黄钦平,李松仁,混合矿物的分级行为[J]. 有色金属,1986,33(3):27-33.

[186] 谢恒星,李松仁,工业型螺旋分级机数学模型的研究[J]. 有色金属,1992, 44(1):28-34.

[187] MCCUEN R H. Modeling hydrologic change:statistical methods[M]. Boca Raton:CRC press,2016.

[188] TILAHUN S L,ONG H C. Prey-predator algorithm:A new metaheuristic algorithm for optimization problems[J]. International Journal of Information Technology and Decision Making,2014,13:1-22.

[189] HORNIK K M,STINCHCOMBE M,WHITE H. Multilayer feedforward networks are universal approximators[J]. Neural Network,1989,2 (5):359-366.

[190] SCHMIDT W, KRAAIJVELD M, DUIN R. Feedforward neural networks with random weights[C]//Proceedings of 11th IAPR International Conference on Pattern Recognition Methodology and Systems. Hague,1992:1-4.

[191] PAO Y H,PARK G H,SOBAJIC D J. Learning and generalization characteristics of the random vector functional-link net[J]. Neurocomputing,1994,6(2):163-180.

[192] IGELNIK B,PAO Y H. Stochastic choice of basis functions in adaptive function approximation and the functional-link net[J]. IEEE Transaction on Neural Network,1995,6(6):1320-1329.

[193] TYUKIN I,PROKHOROV D. Feasibility of random basis function approximators for modeling and control[C]//Proceedings of IEEE Multi-

Conference on Systems and Control. Saint Petersburg: the IEEE Inc. , 2009:1391-1396.

[194] PAO Y H,PHILLIPS S,SOBAJIC D J. Neural-net computing and the intelligent control of systems[J]. International Journal of Control,1992, 56(2):263-290.

[195] PAO Y H,TAKEFUJI Y. Functional-link net computing: theory, system architecture and functionalities[J]. Computer,1992,25(5):76-79.

[196] ALBERS D J,SPROTT J C,DECHERTW D. Routes to chaos in neural networks with random weights[J]. International Journal of Bifurcation and chaos,1998,8 (7):1463-1478.

[197] ALHAMDOOSH M,WANG D H. Fast decorrelated neural network ensembles with random weights, Inform[J]. Sciences, 2014, 264 (20): 104-117.

[198] ALMA O G. Comparison of robust regression methods in linear regression[J]. International Journal Contemp Math Sciences, 2011, 6 (9): 409-421.

[199] HUANG G B,ZHU Q Y,SIEW C K. Extreme learning machine: theory and applications[J]. Neurocomputing,2006,70(1):489-501.

[200] LJUNG L. System identification: Theory for the user. Second Edition [M]. New Jersey:Prentice Hall,1999.

[201] RAO C R,MITRAS K. Generalized Inverse of Matrices and its Applications[M]. New York:Wiley,1971.

[202] SCOTT D W. Multivariate density estimation theory,practice and visualization[M]. New York:Wiley,1992.

[203] 赵大勇. 赤铁矿磨矿全流程智能控制系统的研究[M]. 沈阳:东北大学,2014.

[204] 汤健,赵立杰,岳恒,等. 磨机负荷检测方法研究综述[J]. 控制工程,2010, 17(05):565-574.

[205] WAGNER W P,OTTTO J,CHUNG Q B. Knowledge acquisition for expert systems in accounting and financial problem domains[J]. Knowledge-Based Systems,2002,15(8):439-447.

[206] WATSON I,MARIR F. Case-based reasoning:A review[J]. Knowledge Engineering Review,1994,9(4):355-381.

[207] SOUMITRA D,WIERENGA B,DALEBOUT A. Case-based reasoning

systems:from automation to decision-aiding and stimulation[J]. IEEE Transactions on Knowledge and Data Engineering, 1997, 19 (6): 911-922.

[208] BARUQUE B,CORCHADO E,MATA A,et al. A forecasting solution to the oil spill problem based on a hybrid intelligent system[J]. Information Sciences,2010,180(10):2029-2043.

[209] SCHANK R C. Dynamic Memory:A Theory of Reminding and Learning in Computers and People [M]. Cambridge:Cambridge University Press,1983.

[210] BAHGA A,MADISETTI V K. Analyzing massive machine maintenance data in a computing cloud[J]. IEEE Transactions on Parallel and Distributed Systems,2012,23(10):1831-1843.

[211] FERNANDEZ-RIVEROLA F,DIAZ F,CORCHADO J M. Reducing the memory size of a fuzzy case-based reasoning system applying rough set techniques[J]. IEEE Transactions on System,Man,and Cybernetics, 2007,37(1):138-146.

[212] AAMODT A,PLAZA E. Case-based reasoning:Foundational issues, methodological variations,and system approaches[J]. AI Communications,1994,7(1):39-59

[213] GONZALEZ A J,XU L L,GUPTA U M. Validation techniques for case-based reasoning systems[J]. IEEE Transactions on SMC-Part A, 1998,28(4):465-477.

[214] WATSON I,MARIR F. Case-based reasoning:A review[J]. Knowledge Engineering Review,1994,9(4):327-354.

[215] 杨炳儒. 知识工程与知识发现[M]. 北京:冶金工业出版社,2000.

[216] KOLODNER J. Case-Based Reasoning [M]. San Francisco:Morgan Kaufmann,1993.

[217] PARK C S,HAN I. A case-based reasoning with the feature weights derived by analytic hierarchy process for bankruptcy prediction[J]. Expert Systems with Applications,2002,23(3):255-264.

[218] FRANCIS A G,RAM A. The utility problem in case-based reasoning [C]. In Proceedings AAAI CBR workshop. Washington:AAAI Press,1993.

[219] 张海潘. 软件工程导论[M]. 北京:清华大学出版社,2008.

[220] 金正淑,葛华.组件技术的研究与探讨[J].东北电力学院学报,2003(01):51-54.

[221] FOUKALAS F,NTARLADIMAS Y,GLENTIS A,et al. Protocol reconfiguration using component-based design[M]. Berlin Heidelberg:Springer,2005(3543):148-156.

[222] 胡包钢,科学计算自由软件 SCILA 教程[M]. 北京:清华大学出版社,2003.

[223] Freeman E,Robson E,Bates B,et al. Head First Design Patterns[M]. Sebastopol:O'Reilly Media,2004.

[224] ZHANG Z M,WANG Y,TAO R. Resource Allocation Using Timed Petri Nets and Heuristic Search[J]. Journal of Beijing Institute of Technology ,2000(9) :148-154.

[225] SHEN R L. Reinforcement Learning forHigh-Level Fuzzy Petri Nets [J]. IEEE Transaction on Systems Man and Cybernetics-PART B :CYBERNETICS,2003,33(2):351-362.

[226] 姜浩,罗军舟,方宁生.模糊 Petri 网在带权不精确知识表示和推理中的应用研究[J].计算机研究与发展,2002(8):914-919.

[227] GARG K. An Approach to Performance Specification of Communication Protocols Using Timed Petri Nets[J] . IEEE Transaction on Software Engineering,1985,SE-11(10):1216-1225.

[228] PETERSON J L. Petri net theory and the modeling of systems[M]. Englewood:Prentice-Hall,1981.

[229] REISIGW. Petri Nets:An Introduction[M]. Berlin Heidelberg:Springer,2011.

[230] 吴哲辉.Petri 网导论[M].北京:机械工业出版社,2006.

[231] 岳萍.新型 DCS 组态软件脚本系统的研究与开发[D].济南:山东大学,2008.

[232] Martelli A,Ravenscroft A,Ascher D. Python Cookbook[M]. Sebastopol:Oreilly Media,2005.

[233] 高成.Matlab 接口技术与应用[M].北京:国防工业出版社,2007.